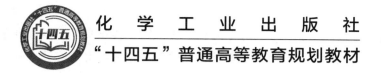

"十四五"普通高等教育规划教材

大学工科化学实验

阳杰 主编

化学工业出版社

·北京·

内容简介

本书共包括六章内容，包括工科化学实验基本知识、无机与工科化学实验、有机化学实验、分析化学实验、物理化学实验、综合创新化学实验等，并适当引入交叉学科的内容，同时，注重实验操作技能的训练，包括实验设计、实验操作、数据处理、实验安全环保意识、实验危废处理意识、实验风险评估等，培养学生的动手及创新能力。综合创新实验的选取以尽量结合现实生活和科研需求为原则，以增强学生对化学的认知和理解。

本书可作为高等院校化学、化工、材料、环境、土木等专业本科生教材，也可供相关专业从业者作为参考之用。

图书在版编目（CIP）数据

大学工科化学实验 / 阳杰主编 . -- 北京：化学工业出版社，2025.1. --（化学工业出版社"十四五"普通高等教育规划教材）. -- ISBN 978-7-122-04880-6

Ⅰ. O6-3

中国国家版本馆 CIP 数据核字第 20249S0Q03 号

责任编辑：李 琰　江百宁　　装帧设计：韩　飞
责任校对：张茜越

出版发行：化学工业出版社
　　　　　（北京市东城区青年湖南街 13 号　邮政编码 100011）
印　　装：三河市双峰印刷装订有限公司
787mm×1092mm　1/16　印张 11½　字数 240 千字
2025 年 1 月北京第 1 版第 1 次印刷

购书咨询：010-64518888　　　售后服务：010-64518899
网　　址：http://www.cip.com.cn
凡购买本书，如有缺损质量问题，本社销售中心负责调换。

定　　价：35.00 元　　　　　　　　　　版权所有　违者必究

《大学工科化学实验》编写人员名单

主　　编　阳杰

编写人员　阳　杰　邓崇海　李　萌　孙芹英
　　　　　　姚　李　吴义平　郝玉成　刘安求
　　　　　　刘　斌　徐泽忠　谢劲松　王　玮
　　　　　　孙佩佩

前言

《大学工科化学实验》是相关理工科专业的必修课程。本书的编写是为了更好地满足大学工科专业（如化学工程与工艺、能源化学工程、制药工程、生物工程、环境工程、食品科学工程、食品安全、生物医药、制药工程、新能源材料与器件、应用化学、机械自动化、材料控制、集成电路、储能工程、土木工程、建筑工程等专业）一、二年级本科生的学习需求。我们深知，化学实验不仅是工科专业化工、材料、生物、环境、机械、土木等的重要组成部分，更是培养学生实践能力、创新精神和科学素养的重要途径。《大学工科化学实验》是在合肥大学能源材料与化工学院广大师生的共同努力下，基于在省级示范化学实验实训中心工作和兼职的化学实验教师，集合了大家的丰富的教学经验和对实验教学的深刻见解，为了适应新工科教学改革和工程教育专业认证的教学持续改进需求，经过精心编撰和多次修订而成的。

《大学工科化学实验》涵盖新工科领域的化学实验室安全与基础知识，实验部分包括无机与工科化学实验、有机化学实验、分析化学实验、物理化学实验、综合创新化学实验等，适当引入交叉学科的内容，如材料化学实验、环境化学实验、生物化学实验、金属化学实验、工程化学实验等。同时，注重实验综合操作技能的训练，包括实验设计、实验操作、数据处理、实验安全环保意识、实验危废处理意识、双碳能源意识、实验项目风险评估等。本书内容以培养学生能力为导向，注重应用型复合型人才培养，注重产教融合和双元制发展，及时将教师的科研成果反哺教学，融入化学实验项目中，潜移默化提高学生的综合创新能力。

本书第一～五章及附录主要由阳杰编写；第六章综合创新化学实验编写分工为：阳杰、孙芹英（实验一、十、十一、十二），邓崇海（实验二），郝玉成、姚李（实验三），刘斌（实验四），徐泽忠、孙佩佩（实验五），谢劲松（实验六），王玮、李萌（实验七），吴义平（实验八），刘安求（实验九）。

本书的编写得到了合肥大学双碳材料与资源化工实验室的研究生和本科生（陈涛、王文杰、冯可欣、储鹤、孟金磊、周睿、李东、李宏明、卫庆等）的大力协助。本书在编写期间受到安徽省级质量工程示范化学实验实训中心项目（2022sysx024），合肥学院本科质量工程项目［化学实验教学团队（2022hfujxtd04）］，教育部产学合作协同育人项目［基于工程教育认证的化工类实验实训中心建设项目

(231006655105108)］，安徽省质量工程项目［化学工程与工艺专业教学创新团队(2022cxtd125)］，合肥大学新能源现代产业学院（2023cyts025）的资助，在此，一并表示感谢。本书编写过程得到合肥大学多位校领导的关心，以及生物工程学院，先进制造学院，城建学院，大众学院，材化学院胡坤宏、刘沛平、鲁红典、魏安乐、金鑫、王飞鸿、陈郑、徐俊、胡恩柱，实验实训中心全体人员，教务处王晓峰、王仁宝、童惠娟，实验室建设与管理处杨学春，分析测试中心全体人员，研究生处高大明，大学生创新创业处孙虹、王玉，继续教育学院司靖宇，已经退休的杨本宏、董强、朱仁发、李少波、吴缨、陈红等老师的大力支持；同时，感谢安徽理工大学等省内兄弟单位的交流和指导，感谢莱帕克王迪工程师虚拟仿真实验指导。

由于编写时间仓促和水平有限，书中难免有疏漏及不足之处，敬请使用本书的读者加以批评指正。

编者

2024 年 5 月

目 录

第一章 工科化学实验基本知识   1

    第一节   实验守则 …………………………………………………………… 1

    第二节   安全知识 …………………………………………………………… 2

    第三节   危废处理 …………………………………………………………… 3

    第四节   学生实验守则与化学实验报告 ………………………………… 4

第二章 无机与工科化学实验   6

    实验一   乙酰苯胺重结晶 …………………………………………………… 6

    实验二   常见阴阳离子的性质鉴定 ……………………………………… 7

    实验三   硫代硫酸钠的制备与性质鉴定 ………………………………… 12

    实验四   硝酸钾的制备与提纯 …………………………………………… 14

    实验五   分子筛的合成与吸附性能 ……………………………………… 16

    实验六   碱式碳酸铜的制备与表征 ……………………………………… 18

    实验七   绿色植物中叶绿素的分离与鉴定 ……………………………… 20

    实验八   硫酸亚铁胺的制备与含量检验 ………………………………… 23

    实验九   二氧化碳临界状态观测及 p-V-T 关系测定 …………………… 25

    实验十   粗盐的提纯 ………………………………………………………… 31

    实验十一   化学反应速率和化学平衡 …………………………………… 33

    实验室十二 $Ni(NH_3)_xCl_y$ 的制备和组成测定 ………………………… 36

第三章 有机化学实验   39

    实验一   水蒸气的蒸馏 …………………………………………………… 39

    实验二   正溴丁烷的制备 ………………………………………………… 41

    实验三   正丁醚的制备 …………………………………………………… 43

    实验四   乙酸乙酯的制备与红外光谱表征 ……………………………… 45

    实验五   乙酰苯胺的制备与纯化 ………………………………………… 47

    实验六   离子液体的合成与性质测试 …………………………………… 49

实验七　固体酒精的制备 ………………………………………… 53
　　实验八　环己烯的制备 …………………………………………… 55
　　实验九　己二酸的制备 …………………………………………… 57
　　实验十　甲基橙的制备 …………………………………………… 58
　　实验十一　二亚苄基丙酮的合成 ………………………………… 61
　　实验十二　从茶叶中提取咖啡因 ………………………………… 63

第四章　分析化学实验　　　　　　　　　　　　　　　　　66

　　实验一　分析天平的使用 ………………………………………… 66
　　实验二　强酸强碱溶液的配制及相互滴定 ……………………… 68
　　实验三　酸碱反应与缓冲溶液 …………………………………… 71
　　实验四　酸碱标准溶液的配制和标定 …………………………… 74
　　实验五　食醋中总酸度的测定 …………………………………… 77
　　实验六　EDTA 溶液的配制与标定 ……………………………… 79
　　实验七　水的硬度测定 …………………………………………… 82
　　实验八　蛋壳中钙含量的测定 …………………………………… 84
　　实验九　硫代硫酸钠溶液的配制与标定 ………………………… 86
　　实验十　碱式碳酸铜中铜含量的测定 …………………………… 88
　　实验十一　双指示剂法测定混合碱样的含量 …………………… 90
　　实验十二　水泥中铁、铝、钙和镁的测定 ……………………… 92

第五章　物理化学实验　　　　　　　　　　　　　　　　　96

　　实验一　双液系气-液平衡相图的绘制 …………………………… 96
　　实验二　最大气泡法测定溶液表面张力的测定 ………………… 100
　　实验三　一级反应——蔗糖的水解 ……………………………… 105
　　实验四　液体饱和蒸气压的测定 ………………………………… 111
　　实验五　电导法测定弱电解质的电离常数 ……………………… 115
　　实验六　电导滴定分析法测定未知酸 …………………………… 118
　　实验七　溶液偏摩尔体积的测定 ………………………………… 120
　　实验八　燃烧热的测定 …………………………………………… 123
　　实验九　凝固点降低法测定物质的摩尔质量 …………………… 126
　　实验十　配合物的组成及不稳定常数测定 ……………………… 131
　　实验十一　电池电极制备及电动势测定 ………………………… 135
　　实验十二　丙酮碘化反应速率常数及活化能的测定 …………… 139

第六章 综合创新化学实验   142

- 实验一　固体电解质 LSMN 的制备及离子电导性能　142
- 实验二　复合光催化剂 CdS/Mn_3O_4 制备及光水解制氢性能　144
- 实验三　无机晶态功能材料的合成与二阶非线性光学性能　147
- 实验四　室内空气中甲醛浓度测定　150
- 实验五　$ZnO/g-C_3N_4$ 复合物制备及催化降解罗丹明 B 性能　153
- 实验六　AgPVP 复合纳米纤维膜制法和应用　154
- 实验七　1-甲基-3-丁基咪唑溴盐的合成与性质表征　157
- 实验八　金属-有机骨架材料的合成与荧光性质研究　159
- 实验九　超薄 BiOBr 材料的合成与光学性能　161
- 实验十　氢燃料电池电极材料 LSCM 制备及性能　162
- 实验十一　硫化亚锡光吸收薄膜制备与生长设计实验　165
- 实验十二　三元 MgO@ZnO@BC 生物质碳复合吸附材料及性能　166

附　录   169

- 附录 1　元素周期表　169
- 附录 2　一些酸、碱在水溶液中的电离常数（25℃）　170
- 附录 3　一些物理化学常数　171
- 附录 4　不同温度下水的饱和蒸气压　171
- 附录 5　水的黏度　172
- 附录 6　水表面张力　172
- 附录 7　部分有机物的密度　173
- 附录 8　无限稀释离子摩尔电导率和温度系数（25℃）　173
- 附录 9　KCl 溶液的电导率　174

参考文献   175

第一章 工科化学实验基本知识

第一节 实验守则

为确保实验的正常进行,培养良好的实验习惯,要求学生必须遵守下列规则。

(1) 实验前认真预习,明确实验目的、要求、步骤,做好实验计划,写好预习报告。

(2) 遵守纪律,不迟到早退,保持实验室安静。

(3) 进入实验室应穿实验服、戴防护眼镜。披肩发要扎起来,不允许穿短裤、凉鞋、拖鞋进入实验室。

(4) 实验时应集中精力,遵从教师指导,按照要求进行实验,认真观察并如实记录实验数据和实验现象。不能用铅笔和纸片记录,更不能拼凑和抄袭他人实验记录。如发现有伪造、抄袭行为,作实验零分处理。

(5) 保持实验室安静、整洁,不乱扔纸屑杂物,不随地吐痰,不准抽烟,不允许在实验室进食。

(6) 严格遵守安全规程,注意安全。一旦发生事故,应立即切断电源、气源,并立即向指导教师报告。

(7) 爱护公物。公用物品用毕须放回原处。不得擅自动用与本实验无关的仪器设备。注意节约,按量取用试剂并防止沾污试剂。要求回收的试剂应倒入指定的回收瓶内。

(8) 实验结束时整理实验台,将所用仪器洗涤干净,放置整齐。检查所用水、电、煤气的开关是否关闭,并将实验记录交指导教师检查,经同意后方可离开实验室。

(9) 同学应轮流值日并认真履行职责。值日生职责为:打扫实验室,清倒废物桶,整理公用仪器物品,检查水、电、煤气,关好门窗。

(10) 实验后应认真完成实验报告,并准时交实验报告,凡不符合要求的实验报告须重做。

第二节 安全知识

一、实验室安全守则

在进行化学实验时,常会使用水、电、气和各种药品、仪器。而化学药品中,很多是易燃、易爆、有腐蚀性或毒性的,所以在实验过程中,必须高度重视安全问题。

(1) 学生在实验前必须充分了解安全注意事项,了解哪些药品是危险品、哪些化学反应是有危险性的,并牢记操作的安全注意事项。教师必须重申本实验中应特别注意的安全事项,指出正确的安全操作方法。

(2) 实验室内严禁饮食、吸烟。水、电、气一经使用完毕,就立即关闭。

(3) 氢气、氧气等钢瓶开关,酒精喷灯及其连接导管在使用时应随时注意是否漏气,一有异常,立即熄灭火源,打开窗户,并报告教师,用肥皂水检查漏气处。

(4) 使用电器时,要防止人体与电器导电部位直接接触,不能用湿的手或手握湿物接触电插头。装置和设备的金属外壳等应连接地线。实验后立即切断电源。

(5) 使用易燃、易爆药品时要远离明火并防止各种火星产生,用毕立即按规范封存。须点燃的气体要了解其爆炸极限,先检验并确保纯度。

(6) 强腐蚀性物品如浓酸、浓碱等,切勿溅在皮肤或衣服上。

(7) 接触有毒药品时要戴橡皮手套,操作后立即洗手。产生有刺激性或有毒气体的实验必须在通风橱内进行。

(8) 绝对不允许随意混合各种化学药品,以免发生意外。在加热液体时,不要俯视容器,也不要将正在加热的容器口对准自己或他人。要严格遵守药品尤其是危险品的开启、取用、稀释、混合、研磨、存放等各种操作的规程。一旦有药品尤其是危险品洒落在桌上或地上,要尽可能地收集起来,采取正确措施对残留物进行处理,同时报告指导教师。

(9) 所有药品不得带出实验室。用剩的药品要交还教师。实验完毕必须洗净双手。指导教师和实验员在锁门前要检查水、电、气等是否关闭。

(10) 实验中常会用到玻璃制品,如不注意,不但会损坏仪器,还会造成割伤,因此需小心使用。

二、实验室意外事故的应急处理

实验过程中,如发生安全事故,应立即报告教师,并采取适当措施。

(1) 起火:起火后,要立即一面灭火,一面防止火势扩展(如采取切断电源、移走易燃物品等措施)。灭火的方法要适当,一般的小火可用湿布、石棉布或砂子覆盖燃烧物：火势大时可使用泡沫灭火器，但电器设备起火时使用二氧化碳或四氯化碳灭火器，不能使用泡沫灭火器，不能用水灭火，以免触电；实验人员衣服着火时，切勿惊慌乱跑，应立即脱下衣服，或用石棉布覆盖着火处（就地卧倒打滚也可起灭火作用）。伤势较重者急送医院。必要时拨打119报火警。

（2）割伤：取出伤口中的玻璃或其他固体物，用蒸馏水洗后涂上红药水并包扎。大伤口则应先按紧主血管，以防止大量出血，急送医院。

（3）烫伤：可以在伤口处涂烫伤油膏，轻度烫伤可以涂抹肥皂水，重伤涂以烫伤油膏后送医院。

（4）试剂灼伤：不同试剂引起的灼伤，使用不同的措施处理。

酸灼伤：立即用大量水洗，再以饱和碳酸氢钠溶液洗，然后用水洗。严重时要消毒，拭干后涂烫伤油膏。

碱灼伤：立即用大量水洗，再以2％醋酸溶液洗，最后用水洗。严重时同酸灼伤处理。

溴灼伤：立即用大量水洗，再用酒精擦至无溴液存在为止，然后涂上甘油或烫伤油膏。

活泼金属（如钠、钾等）灼伤：可见的小块用镊子移去，其余与碱灼伤处理相同。

（5）试剂溅入眼内：任何情况下都要先用洗眼器洗，急救后送医院。

酸：立即用大量水洗，再用1％碳酸氢钠溶液洗，再用蒸馏水洗。

碱：立即用大量水洗，再以1％硼酸溶液洗，再用蒸馏水洗。

溴：立即用大量水洗，再用1％碳酸氢钠溶液洗。

（6）中毒：溅入口中尚未咽下者应立即吐出，用大量水冲洗口腔。如已吞下，应根据毒物性质给以解毒剂，并立即送医院。

（7）腐蚀性毒物：对于强酸，先饮大量水，然后服用氢氧化铝膏、蛋白；对于强碱，先饮大量水，然后服用醋、酸果汁、蛋白。不论是酸或还是碱中毒，都可服牛奶解毒，不要吃呕吐剂。

（8）刺激剂及神经性毒物：先给牛奶或蛋白使之立即冲淡和缓和，再用一大匙硫酸镁（约30克）溶于一杯水中催吐。有时也可用手指伸入喉部促使呕吐，然后立即送医院。

（9）有毒性气体：将中毒者移至室外空气新鲜处，解开衣领纽扣，利于呼吸，从而缓解症状。吸入少量氯气后，可用碳酸氢钠溶液漱口。

第三节　危废处理

化学实验中，常有废渣、废液、废气（即"三废"）的排放。三废中往往含有大量的有毒有害物质，为了防止环境污染，三废要经过处理，符合排放标准才可以排弃。对用过的酸类、碱类、盐类等各种废液、废渣，分别倒入各自的回收容器中，再根据各类废弃物的特性，采用中和、吸收、燃烧、回收循环利用等方法来进行处理。

（1）为确保暂存、运输和处置过程的安全，特对危化品废弃物包装作以下几点规定：

① 废液统一使用 20～25L 硬质塑料桶，有机废液体积不得超过桶容积的 80%，酸、碱、重金属离子无机废液，体积不得超过桶容积的 60%，废液量较少时，可按实际废液量使用 5L、10L 硬质塑料桶。

② 统一使用标准标签，按废弃物种类使用相应标签，标签中所有栏目信息必须用中文。品种过多可贴 2 张同种类标签，并使用黑色油性笔或记号笔填写。

③ 试剂空瓶用塑料编织袋包装。酸试剂空瓶要和其它空瓶分开，用白色塑料编织袋单独包装；其它玻璃试剂空瓶和塑料试剂空瓶分开收集，分别用黄色塑料编织袋包装。试剂空瓶中不得有任何残留。编织袋尺寸统一为 60cm×95cm。不得使用超大和其它颜色编织袋或用纸箱等其它包装物包装。袋口用扎带扎紧，并用黑色记号笔在编织袋上标明：塑料（玻璃）（酸）试剂空瓶、实验室楼号、房间号、安全员姓名、联系电话。

④ 实验室废物中，像针头、碎玻璃、载玻片、硅胶板等尖锐易刺伤、划伤的废弃物，先用合适包装物扎紧后再装入大小合适的纸箱中封箱，贴标签注明。玻璃制品单独包装，针头等利器单独包装，其它废弃物按学院要求分装。不得将任何试剂和试剂空瓶放入实验室废物中。实验室废弃物除易划伤、刺伤的用纸箱包装外，其它废弃物统一使用白色编织袋包装。

⑤ 废硅胶粉先用白色透明塑料袋包装扎紧，再装入白色编织袋中。

（2）废液桶的质量必须符合安全要求，不得将装过工业乙醇及其它化学品的废桶二次使用。

（3）所有废弃物必须按类分装，标签中的信息如实填写，字迹清楚。

第四节　学生实验守则与化学实验报告

一、化学实验报告

1. 实验预习报告

实验预习报告的内容应包括以下部分：（1）实验安全风险评估（MSDS、仪器设备安全和注意事项）；（2）实验目的、原理；（3）实验装置与操作方法；（4）实验方案设计。未写预习报告不得进行实验。

2. 实验报告

应按实验数据记录本上自己在实验中测得的数据认真如实撰写，做到字迹工整、图表绘制清晰、规范，数据处理作图要求用坐标纸，并标出实验数据点。

实验报告的内容包括：（1）实验安全风险评估；（2）实验目的、要求，实验原理；（3）实验装置（也可用实验装置图）、实验方案设计；（4）实验操作过程与安全、实验现象与数据记录；（5）实验数据处理及结果分析与讨论；（6）思考题。

二、化学实验报告册格式

实验一　_____

实验地点：_____　　　日期：_____

（一）预习报告

1. 实验安全风险评估（MSDS、仪器设备安全和注意事项）

2. 实验目的、原理

3. 实验装置与操作方法、实验方案设计

教师签名	

（二）实验过程、现象记录及原始数据采集、实验操作安全

1. 实验过程与现象记录

2. 原始数据采集、实验操作安全

教师签名	

（三）实验数据处理及结果分析总结、思考题

1. 实验数据处理

2. 结果分析讨论（心得体会）

3. 思考题

教师签名	

第二章　无机与工科化学实验

实验一　乙酰苯胺重结晶

一、实验项目风险评估

1. 化学品危害

乙酰苯胺（Acetanilide）：有毒，可通过皮肤吸收、吸入或摄入进入人体。长期接触可能引起慢性中毒，对肝脏、肾脏及血液系统有潜在危害。可能对皮肤、眼睛和呼吸道有刺激性。

2. 物理危害

乙酰苯胺的溶解需要加热，处理热溶液时存在烫伤风险。

实验过程中使用玻璃器皿（如烧杯、漏斗、滤纸等），存在破碎导致割伤的风险。

3. 操作风险

过滤过程：趁热过滤时可能导致蒸气逸出，吸入有害气体。

冷却结晶：冷却过程中需防止快速降温导致溶剂飞溅或玻璃器皿破裂。

二、实验目的

1. 掌握玻璃仪器的洗涤、干燥。
2. 了解重结晶的原理，掌握用重结晶法来纯化固体有机化合物。
3. 掌握热过滤和水泵减压抽滤装置的安装及其操作。

三、实验原理

重结晶（Recrystallization）原理：利用混合物中各组分在某种溶剂中的溶解度不同，或在同一溶剂中不同温度时的溶解度不同，而使它们相互分离（相似相溶原理）。一般重结晶只适用于纯化杂质含量在5%以下的固体有机物。

重结晶的一般过程包括：（1）选择适宜的溶剂；（2）配制饱和溶液；（3）热过滤除去杂质；（4）冷却析出晶体；（5）晶体的收集和洗涤；（6）晶体的干燥。

重结晶中要选用理想的溶剂：(1) 溶剂不应与重结晶物质发生化学反应；(2) 重结晶物质在溶剂中的溶解度应随温度变化，即高温时溶解度大，而低温时溶解度小；(3) 杂质在溶剂中的溶解度要么很大，要么很小；(4) 溶剂应容易与重结晶物质分离；(5) 能使被提纯物生成整齐的晶体；(6) 溶剂应无毒，不易燃，价廉易得并有利于回收利用。

四、实验仪器与试剂

仪器：150mL 或 200mL 烧杯、玻璃棒、电炉、热滤漏斗、滤纸、布氏漏斗、抽滤瓶、循环水真空泵、培养皿。

试剂：蒸馏水、粗乙酰苯胺（2.00g）、活性炭（0.2～0.5g）。

五、实验步骤

1. 称取 2.00g 粗乙酰苯胺，放入小烧杯中。
2. 加入少量蒸馏水搅拌并加热至沸腾（约需 1min）。
3. 乙酰苯胺开始慢慢溶解，最后完全溶解，维持溶液沸腾状态 10min。
4. 再补加 2～3mL 蒸馏水，稍冷，加入少许活性炭，继续加热 5～10min。
5. 趁热将上述溶液进行热过滤，用一小烧杯收集滤液。滤液放置冷却后，有乙酰苯胺析出。
6. 减压过滤。结晶完全后，用布氏漏斗抽滤。以少量蒸馏水在布氏漏斗上进行洗涤，压紧抽干，把产品放在一培养皿上干燥，称量。

六、思考题与问题讨论

1. 结晶如带有颜色（产品本身颜色除外），往往需要加活性炭脱色，加入活性炭时应注意哪些问题？过滤时你遇到什么困难？应如何克服？
2. 将母液浓缩冷却后，可以得到另一部分结晶，为什么这部分结晶比第一次得到的结晶纯度要差？
3. 乙酰苯胺重结晶时出现油珠的原因是什么？如何处理？
4. 为什么重结晶溶解时，通常要用比饱和溶液多 20%～30% 的溶剂量？

实验二 常见阴阳离子的性质鉴定

一、实验项目风险评估

1. 化学品危害

银离子（Ag^+）：常用的硝酸银（$AgNO_3$）具有氧化性，腐蚀性强，接触皮肤可引起灼伤。

铅离子（Pb^{2+}）：铅盐［如$Pb(NO_3)_2$］有毒，摄入或吸入可导致铅中毒，影响神经系统和血液系统。

铜离子（Cu^{2+}）：硫酸铜（$CuSO_4$）有毒，皮肤接触或摄入可引起中毒。

钡离子（Ba^{2+}）：钡盐（如$BaCl_2$）有毒，可通过皮肤吸收、摄入或吸入进入体内，造成严重中毒。

盐酸（HCl）：腐蚀性强，可导致皮肤灼伤和呼吸道刺激。

氢氧化钠（NaOH）：强碱性，腐蚀性强，对皮肤和眼睛有强烈刺激和灼伤作用。

硝酸（HNO_3）：强氧化性和腐蚀性，接触皮肤可引起严重灼伤，吸入蒸气对呼吸道有强烈刺激作用。

2. 操作风险

加热反应：在加热过程中，过高的温度可能导致试剂挥发或溅出，引发火灾或灼伤。

试剂混合：不正确的试剂混合可能引发剧烈反应，产生有毒气体或引起爆炸。

二、实验目的

1. 掌握常见阴阳离子的鉴定方法。
2. 了解常见阴阳离子鉴定的基本操作。

三、实验原理

离子鉴定就是确定某种元素或其离子是否存在。常见离子的鉴定方法见表1。离子鉴定反应大多是在水溶液中进行的反应。离子鉴定反应具有明显的特征，例如沉淀的生成或溶解、溶液颜色的改变、气体的生成等，可以根据这些明显的现象判断被分析物质中某种离子的存在。

表1 常见离子的鉴定方法

离子	鉴定方法
Cl^-	氯离子与银离子作用形成白色凝乳状沉淀,沉淀难溶于HNO_3,溶于氨水,经酸化,可重新生成白色凝乳状沉淀。其反应为:$Cl^- + Ag^+ =\!=\!= AgCl\downarrow$（白色沉淀） $AgCl + 2NH_3 \cdot H_2O =\!=\!= [Ag(NH_3)_2]Cl + 2H_2O$ $[Ag(NH_3)_2]Cl + 2H^+ =\!=\!= AgCl\downarrow + 2NH_4^+$
I^-	根据$E^{\ominus}_{Cl_2/Cl^-} = +1.36V, E_{I_2/I^-} = +0.535V$可知,氧化性顺序是$Cl_2 > I_2$（电极电位数值较大的氧化态是较强的氧化剂,置换次序为Cl_2置换为I_2。反应为: $2KI + Cl_2 =\!=\!= 2KCl + I_2$ 加CCl_4显紫红色
S^{2-}	S^{2-}与Pb^{2+}作用生成黑色PbS沉淀： $S^{2-} + Pb^{2+} =\!=\!= PbS\downarrow$（黑色）

续表

离子	鉴定方法
SO_4^{2-}	SO_4^{2-} 和 Ba^{2+} 作用生成难溶于水、HCl 和 HNO_3 的白色 $BaSO_4$ 沉淀： $SO_4^{2-} + Ba^{2+} = BaSO_4 \downarrow$（白色） 而 CO_3^{2-}、PO_4^{3-} 和 Ba^{2+} 生成的沉淀，虽难溶于水，但易溶于 HCl 和 HNO_3
NO_3^-	在浓 HSO_4 存在下，NO_3^- 与 Fe^{2+} 反应生成 NO，NO 遇 Fe^{2+} 形成棕色环： $NO_3^- + 3Fe^{2+} + 4H^+ = 3Fe^{3+} + NO + 2H_2O$ $[Fe(H_2O)_6]^{2+} + NO = [Fe(NO)(H_2O)_5]^{2+}$（棕色）$+ H_2O$
$S_2O_3^{2-}$	过量的硝酸银与 $S_2O_3^{2-}$ 反应，最初生成白色 $Ag_2S_2O_3$ 沉淀，随后迅速变黄-棕-黑： $2Ag^+ + S_2O_3^{2-} = Ag_2S_2O_3 \downarrow$（白色） $Ag_2S_2O_3 + H_2O = H_2SO_4 + Ag_2S \downarrow$（黄色）
NO_2^-	在酸性条件下，NO_2^- 对氨基苯磺酸发生重氮化反应，生成的重氮盐再与 α-萘酚偶合，产生红色的偶氮化合物，通过观察颜色变化来判断 NO_2^- 的存在
K^+	K^+ 和钴亚硝酸钠反应生成（$K_2Na[Co(NO_2)_6]$）黄色沉淀（沉淀不溶于稀 HAc）： $2K^+ + Na^+ + [Co(NO_2)_6]^{3-} = K_2Na[Co(NO_2)_6] \downarrow$（黄色） 反应不应在强酸、强碱中进行，因试剂在此条件下分解
Na^+	Na^+ 和醋酸铀酰锌试剂（$UO_2Ac_2 + ZnAc_2 + HAc$）反应生成淡黄色晶状沉淀： $Na^+ + Zn^{2+} + 3UO_2^{2+} + 8Ac^- + 9H_2O + HAc = NaZn(UO_2)_3Ac_9 \cdot 9H_2O \downarrow$（淡黄色）$+ H^+$
NH_4^+	(1) 气室法。当碱作用于任何铵盐水溶液或固体时，就会产生氨气： $NH_4^+ + OH^- = NH_3 \uparrow + H_2O$ (2) 奈斯勒试剂法。NH_4^+ 和奈斯勒试剂（$K_2[HgI_4]$ 的碱性溶液）作用生成红棕色的 Hg_2NI 沉淀
Ca^{2+}	Ca^{2+} 和草酸盐在中性或微酸性溶液中作用生成难溶于水的白色草酸钙沉淀： $Ca^{2+} + C_2O_4^{2-} = CaC_2O_4 \downarrow$（白色）
Fe^{2+}	(1) 氰化钾法。Fe^{2+} 与铁氰化钾（也称赤血盐）反应生成蓝色沉淀（习惯称滕氏蓝）： $Fe^{2+} + K^+ + [Fe(CN)_6]^{3-} \longrightarrow KFe[Fe(CN)_6] \downarrow$（蓝色） 沉淀不溶于强酸，但可被强碱分解为氢氧化物，故鉴定反应必须在酸性溶液中进行。 (2) 与邻二氮菲反应。Fe^{2+} 和邻二氮菲在中性或强碱性溶液中反应生成稳定的橘红色螯合物：
Fe^{3+}	(1) 与 SCN^- 的反应：Fe^{3+} 与 SCN^- 作用生成可溶于水的深红色 $Fe(SCN)_n^{3-n}$ 配合物： $Fe^{3+} + nSCN^- = [Fe(SCN)_n]^{3-n}$（深红色） 上述反应必须在稀酸介质中进行。$F^-$ 可以使其褪色生成 $[FeF_6]^{3-}$。 (2) 亚铁氰化钾（也称黄血盐）法。Fe^{3+} 与 $K_4[Fe(CN)_6]$ 作用生成蓝色沉淀（习惯称普鲁士蓝）： $Fe^{3+} + K^+ + [Fe(CN)_6]^{4-} \longrightarrow KFe[Fe(CN)_6] \downarrow$（蓝色） 沉淀不溶于强酸，但可被强碱分解生成氢氧化物，故鉴定反应必须在酸性溶液中进行

四、实验仪器与试剂

仪器：试管、试管架、烧杯、离心试管、点滴板、酒精灯、离心机、铂丝棒、玻璃棒、滴管。

试剂：氨水（饱和，$6mol·L^{-1}$）、奈斯勒试剂、对氨基苯磺酸、α-萘酚、邻二氮菲、$Pb(Ac)_2$试纸、醋酸铀酰锌试剂、HNO_3（$6mol·L^{-1}$，$2mol·L^{-1}$）、HCl（浓，$6mol·L^{-1}$，$2mol·L^{-1}$）、H_2SO_4（浓，$2mol·L^{-1}$）、NaOH（$2mol·L^{-1}$）、氨水（$6mol·L^{-1}$）、HAc（$2mol·L^{-1}$，$6mol·L^{-1}$）、$AgNO_3$（$0.1mol·L^{-1}$）、$BaCl_2$（$0.1mol·L^{-1}$）、NH_4F（$2mol·L^{-1}$）、饱和$(NH_4)_2C_2O_4$、$FeSO_4$(s)、$Na_3[Co(NO_2)_6]$（新配）、$NaNiO_3$(s)、$K_4[Fe(CN)_6]$（$0.1mol·L^{-1}$）、$K_3[Fe(CN)_6]$（$0.1mol·L^{-1}$）。

五、实验步骤

1. 阴离子的鉴定

（1）SO_4^{2-}的鉴定：取5滴含SO_4^{2-}试液于试管中，加入3滴$6mol·L^{-1}$ HCl溶液和2滴$0.1mol·L^{-1}$ $BaCl_2$溶液，若有白色沉淀生成，表示有SO_4^{2-}存在。

（2）Cl^-的鉴定：取2滴含Cl^-试液于离心试管中，加入1滴$2mol·L^{-1}$ HNO_3溶液，再加2滴$0.1mol·L^{-1}$ $AgNO_3$溶液，观察沉淀的颜色和形状。离心分离溶液和沉淀，用滴管吸出沉淀上的溶液（弃去），在沉淀中加入$6mol·L^{-1}$氨水数滴，观察沉淀的溶解。然后加入$6mol·L^{-1}$ HNO_3酸化，又有白色沉淀析出，表示有Cl^-存在。

（3）NO_3^-的鉴定：取含NO_3^-试液1滴于白色点滴板上，在溶液的中央放入$FeSO_4$晶体一小粒。然后在晶体上加1滴浓H_2SO_4，如晶体周围有棕色环出现，表示有NO_3^-存在。

（4）NO_2^-的鉴定：取2滴含NO_2^-试液于点滴板上，加2滴$2mol·L^{-1}$ HAc将试液酸化，再加对氨基苯磺酸和α-萘酚溶液各1滴，立即出现玫瑰红色，表示有NO_2^-存在。

（5）S^{2-}的鉴定：取3滴含S^{2-}试液于试管中，加6滴$6mol·L^{-1}$ HCl将试液酸化，随即在试管口盖以湿润的$Pb(Ac)_2$试纸，置于水浴上加热，如$Pb(Ac)_2$试纸变黑，表示有S^{2-}存在。

（6）$S_2O_3^{2-}$的鉴定：取3滴含$S_2O_3^{2-}$试液于试管中，加入$0.1mol·L^{-1}$ $AgNO_3$溶液3滴，有白色沉淀$Ag_2S_2O_3$生成，白色沉淀迅速变黄-棕-黑，表示有$S_2O_3^{2-}$存在。

2. 阳离子的鉴定

（1）焰色反应鉴定

碱金属、碱土金属及其挥发性化合物在无色氧化焰中灼烧时，能够使火焰呈现特殊的颜色，如：Na（黄色），K（紫色），Ca（橙色），Ba（黄绿色）。因此，常常借这些特殊的焰色反应来鉴定这些元素。

取一根铂丝棒（或镍铬丝），将铂丝的尖端弯成环状），蘸上浓 HCl 溶液后，在酒精灯的氧化焰中灼烧片刻，浸入酸中后再灼烧，如此重复几次，直到火焰不再呈现任何颜色，说明此铂丝已经洗净。再用此洁净的铂丝蘸取含 Na^+ 试液灼烧，观察火焰的颜色。

用与上面相同的操作，分别观察 K^+、Ca^{2+}、Ba^{2+} 的焰色反应。

值得注意的是，用铂丝鉴定某一种元素后，如欲再鉴定另一种元素，必须用上述清洁法把铂丝处理干净。鉴定 K^+ 时，即使有极微量的 Na^+ 存在，K^+ 所显示的浅紫色火焰都将被 Na^+ 的黄色所遮蔽，故需通过蓝色钴玻璃观察 K^+ 的火焰（因蓝色钴玻璃吸收黄色光）。

（2）试剂反应鉴定

① K^+ 的鉴定：取含 K^+ 试液 5 滴于试管中，加入新配制的钴亚硝酸钠溶液 3 滴，放置片刻，有黄色沉淀析出，表示有 K^+ 存在（NH_4^+ 有干扰）。

② Na^+ 的鉴定：取含 Na^+ 试液 2 滴于试管中，加醋酸铀酰锌试剂 8 滴，放置，并用玻璃棒摩擦试管壁，如出现淡黄色的晶状沉淀，表示有 Na^+ 存在。

③ NH_4^+ 的鉴定：取含 NH_4^+ 试液 2 滴于白色点滴板上，加 2 滴奈斯勒试剂，生成红棕色沉淀，表示有 NH_4^+ 存在。

④ Ca^{2+} 的鉴定：取 6 滴含 Ca^{2+} 试液于试管中，再加 6 滴饱和 $(NH_4)_2C_2O_4$ 溶液，如果试液呈强酸性，可用 $6mol \cdot L^{-1}$ 氨水中和至微碱性，然后在水浴上加热，有白色沉淀生成。再加 $6mol \cdot L^{-1}$ HAc 3 滴，继续加热至沸，如果白色沉淀仍不溶解，表示试液中有 Ca^{2+} 存在。

⑤ Fe^{2+} 的鉴定有两种鉴定方法。

a. 氰化钾法：在点滴板上滴加 Fe^{2+} 试液 1 滴，加入 $2mol \cdot L^{-1}$ HCl 和 $0.1mol \cdot L^{-1}$ $K_3[Fe(CN)_6]$ 溶液各 1 滴，立即生成蓝色沉淀，表示有 Fe^{3+} 存在。

b. 与邻二氮菲反应：在点滴板上滴加含 Fe^{2+} 试液 1 滴，加入 5% 的邻二氮菲 1 滴，有橘红色产生，表示有 Fe^{2+} 存在。

⑥ Fe^{3+} 的鉴定有两种鉴定方法。

a. 与 SCN^- 的反应：在点滴板上滴加 Fe^{3+} 试液和 $0.1mol \cdot L^{-1}$ NH_4SCN 溶液各 1 滴，立即生成深红色的 $[Fe(SCN)_n]^{3-n}$，再加 $2mol \cdot L^{-1}$ NH_4F 数滴后，深红色消失，证明有 Fe^{3+} 存在。

b. 亚铁氰化钾法：在点滴板上滴加含 Fe^{2+} 试液 1 滴，加入 $2mol \cdot L^{-1}$ HCl 和 $0.1mol \cdot L^{-1}$ $K_4[Fe(CN)_6]$ 溶液各 1 滴，立即出现蓝色沉淀，表示有 Fe^{3+} 出现。

总结常见阴阳离子的鉴定方法，写出有关的方程式。

六、思考题与问题讨论

1. 已知某试液中存在 SO_4^{2-}、Cl^-、NO_3^-，下列阳离子中哪些不可能与之共存？NH_4^+、Ba^{2+}、Cr^{3+}、Mg^{2+}、Ag^+、Fe^{2+}、Fe^{3+}

2. 配制 $FeSO_4$ 溶液时，常需加些 H_2SO_4 及铁屑，试说明其原因。

实验三　硫代硫酸钠的制备与性质鉴定

一、实验项目风险评估

1. 化学品危害

硫代硫酸钠（$Na_2S_2O_3$）：一般毒性较低，但应避免大量摄入或吸入粉尘。可能对皮肤和眼睛有轻微刺激。

硫黄：低毒，但粉尘吸入可能对呼吸道有刺激。

二氧化硫（SO_2）：有毒气体，吸入可引起呼吸道刺激，严重时会导致呼吸困难。

盐酸（HCl）：腐蚀性强，可导致皮肤灼伤和呼吸道刺激。

碘溶液（I_2）：具有氧化性，对皮肤和黏膜有刺激性，可能引起过敏反应。

2. 物理危害

加热设备：使用电炉或酒精灯加热时，存在烫伤和火灾风险。

3. 操作风险

气体逸出：二氧化硫（SO_2）逸出时，吸入高浓度气体会引起中毒和呼吸困难。

二、实验目的

1. 掌握采用亚硫酸钠法制备 $Na_2S_2O_3 \cdot 5H_2O$。

2. 设计出合理的制备方案，正确选用仪器并用流程图表示出来。

3. 用定性实验来验证所制备的产物 $Na_2S_2O_3 \cdot 5H_2O$（取少量样品试验其还原性、不稳定性和配位性能，观察实验现象并写出相应的离子反应方程式）。

三、实验原理

制备反应：$Na_2SO_3 + S + 5H_2O \Longrightarrow Na_2S_2O_3 \cdot 5H_2O$

定性检验：$S_2O_3^{2-} + 2H^+ \Longrightarrow S\downarrow + SO_2\uparrow + H_2O$

$AgBr + 2S_2O_3^{2-} \Longrightarrow [Ag(S_2O_3)_2]^{3-} + Br^-$

$Ag^+ + Br^- =\!=\!= AgBr \downarrow$（浅黄色）

$I_2 + 2S_2O_3^{2-} =\!=\!= 2I^- + S_4O_6^{2-}$

定量分析：$2S_2O_3^{2-} + I_2 =\!=\!= S_4O_6^{2-} + 2I^-$

$SO_3^{2-} + I_2 + H_2O =\!=\!= SO_4^{2-} + 2I^- + 2H^+$

四、实验仪器及试剂

仪器：分析天平、电热套、石棉网、烧杯、抽滤瓶、布氏漏斗、蒸发皿、点滴板、试管。

试剂：乙醇（95%）、饱和碘水、活性炭、$0.1\,mol\cdot L^{-1}$ KBr 溶液、淀粉溶液、$0.1\,mol\cdot L^{-1}$ 硝酸银溶液、$6\,mol\cdot L^{-1}$ 盐酸、硫粉、亚硫酸钠（无水）等。

五、实验步骤

1. 硫代硫酸钠的制备

将 2g 硫粉、2mL 95%乙醇、6g Na_2SO_3（固）、30mL 蒸馏水置于 250mL 烧杯中，用玻璃棒充分搅拌，用电热套加热近沸，反应至少 1h，直至有少许硫粉悬浮于溶液中（不少于 20mL）。稍冷，加活性炭微沸 2min，趁热减压过滤，用乙醇洗涤，蒸发、浓缩，溶液变浑浊（不可蒸干）。待冷却、结晶后抽滤，用少量乙醇洗涤晶体，抽干，用滤纸吸干水分，称量、回收、计算产率。

2. 硫代硫酸钠的检验

硫代硫酸钠的定性检验：取一滴产品溶液于点滴板，向其滴加 2 滴 $0.1\,mol\cdot L^{-1}$ 硝酸银溶液。现象：沉淀由白色变黄变棕色最后呈黑色。

产品的还原性：取其溶液于试管中，滴加适量饱和碘水，观察现象之后加淀粉。现象：由黄色变为无色，加淀粉溶液之后无变化。

产品的配位性能：取适量的 $0.1\,mol\cdot L^{-1}$ 硝酸银溶液和 $0.1\,mol\cdot L^{-1}$ KBr 溶液制备溴化银沉淀，向其加入产物溶液。现象：浅黄色沉淀溶解。

产品的不稳定性：取多一点的产品溶液，向其加入 $6\,mol\cdot L^{-1}$ 盐酸，微热，用湿润的蓝色石蕊试纸贴近试管口。现象：出现黄色沉淀，产生少量刺激性气体。

结果与讨论：产物为白色晶体、具有还原性、不稳定性、配位性能。实验成败的关键：（1）原料要充分搅拌均匀；（2）煮沸过程要不停搅拌，温度不宜过高，要注意补充一定的水。

六、思考题与问题讨论

1. 本实验加入乙醇的目的是什么？
2. 蒸发浓缩硫代硫酸钠溶液时，为什么不能蒸干？干燥硫代硫酸钠晶体的温度为什么要控制在 40℃左右？

3. 硫代硫酸钠溶液很不稳定，请分析其中可能原因。

实验四　硝酸钾的制备与提纯

一、实验项目风险评估

1. 化学品危害

硝酸钾（KNO_3）：硝酸钾是一种强氧化剂，能助燃，应避免与可燃物质混合。毒性：一般毒性较低，但大量摄入可导致中毒。

硝酸（HNO_3）：强酸，具有强腐蚀性和氧化性，接触皮肤可引起严重灼伤，吸入蒸气对呼吸道有强烈刺激作用。

氢氧化钾（KOH）：强碱性，腐蚀性强，对皮肤和眼睛有强烈刺激和灼伤作用。

碳酸钾（K_2CO_3）：较低毒性，但对皮肤和眼睛有刺激性。

2. 物理危害

加热设备：使用电炉或酒精灯加热时，存在烫伤和火灾风险。

二、实验目的

1. 熟悉固体试剂的取用规则。
2. 掌握无机制备中常用的过滤法，着重介绍减压过滤和热过滤。
3. 练习浓缩和结晶的操作。

三、实验原理

$NaNO_3$ 和 KCl 的混合溶液中同时存在 Na^+、Cl^-、K^+、NO_3^- 四种离子，可以形成四种盐，利用四种盐在不同温度下溶解度的差异可制备 KNO_3 晶体。硝酸钾等四种盐在不同温度下的溶解度见表1。

表 1　硝酸钾等四种盐在不同温度下的溶解度　　　　单位：g/100g 水

盐	温度/℃							
	0	10	20	30	40	60	80	100
KNO_3	13.3	20.9	31.6	45.8	63.9	110.0	169	246
KCl	27.6	31.0	34.0	37.0	40.0	45.5	51.1	56.7
$NaNO_3$	73	80	88	96	104	124	148	180
NaCl	35.7	35.8	36.0	36.3	36.6	37.3	38.4	39.8

四、实验仪器与试剂

仪器：烧杯、量筒、热滤漏斗、减压过滤装置、电子天平。

试剂：$NaNO_3$（s）、KCl（s）。

五、实验步骤

1. 溶解蒸发

称取17g硝酸钠和15g氯化钾放入烧瓶中，加40mL蒸馏水溶解搅拌，加热蒸发。

2. 过滤

当体积减小到约为原来的1/2时，趁热进行热过滤，动作要快！承接滤液的烧杯预先加入2mL蒸馏水，以防降温时氯化钠达饱和而结晶析出。

3. 减压过滤

待滤液冷却到室温，用减压过滤法把硝酸钾晶体尽量抽干。得到的晶体为粗产品，称重，计算产率。

4. 粗产品的提纯即多次重结晶

加热、搅拌，待晶体全部溶解后停止加热。若溶液沸腾时，晶体还未完全溶解，可再加极少量蒸馏水使其溶解。待溶液冷却至室温后抽滤，得到纯度较高的硝酸钾晶体，称量。

六、注意事项

1. 加热蒸发时，为防止因玻棒长而重，烧杯小而轻，以至重心不稳而倾翻烧杯，应选择细玻棒，同时在不搅动溶液时，将玻棒搁在另一烧杯上。

2. 若溶液总体积已小于原来的1/2，过滤的准备工作还未做好，则不能过滤，可在烧杯中加水至1/2以上，再蒸发浓缩至1/2后趁热过滤。

3. 要控制浓缩程度，蒸发浓缩时，溶液一旦沸腾，火焰要小，只要保持溶液沸腾就行。烧杯很烫时，可用干净的小手帕或未用过的小抹布折成整齐的长条拿烧杯，以便迅速转移溶液。趁热过滤的操作一定要迅速、全部转移溶液与晶体，使烧杯中的残余物减到最少。

七、思考题与问题讨论

1. 产品的主要杂质是什么？怎样提纯？
2. 能否将除去氯化钠后的滤液直接冷却制取硝酸钾？
3. 考虑在母液中留有硝酸钾，粗略计算本实验实际得到的最高产量。
4. 怎样利用溶解度的差别从氯化钾、硝酸钠制备硝酸钾？

实验五　分子筛的合成与吸附性能

一、实验项目风险评估

1. 化学品危害

接触氢氧化钠时应佩戴防护用具，穿实验工作服，佩戴手套、口罩、防护眼镜等实验安全防护用品。

2. 操作风险

注意使用乙醇安全，乙醇易燃，吸入高浓度蒸气可引起头晕、头痛、呼吸困难。

聚四氟乙烯反应釜使用前应检查密封性。

注意用电安全和马弗炉高温操作安全。

二、实验目的

1. 了解分子筛的一般知识和水热法合成分子筛的方法。
2. 制备分子筛并测试其性能。

三、实验原理

分子筛主要是指具有规则笼和孔道结构的硅铝酸盐，其孔径与一般分子大小相当，分子筛具有特殊的吸附能力、离子交换性能和催化性能，被广泛应用于工农业生产中，特别是在石油化工领域起着重要作用。

当可交换离子为 Na^+ 时，称为 4A 分子筛，其晶胞的组成表达式为：
$Na_{12}[(AlO_2)_{12}(SiO_2)_{32}] \cdot nH_2O$

实验室合成分子筛常以水玻璃（Na_2SiO_3）、偏铝酸钠（$NaAlO_2$）和氢氧化钠为原料，按一定比例混合，加入一定量的水，搅拌成胶后，在 90～100℃温度进行晶化。晶化程度可用显微镜观察，若外观为正方形晶体，说明晶化完全，经过滤、洗涤、干燥即可得分子筛。

四、实验仪器与试剂

实验仪器：电磁搅拌器、电子显微镜、电热烘箱、马弗炉、真空干燥器、不锈钢反应釜（或聚四氟乙烯反应釜）、抽滤瓶、布氏漏斗、分析天平、紫外-可见分光光度计。

试剂：无水乙醇、氢氧化钠固体、偏铝酸钠固体、$Na_2SiO_3 \cdot 9H_2O$ 固体、变色硅胶、有机染料（罗丹明 B，刚果红、亚甲基蓝）。

五、实验步骤

1. 分子筛的合成

（1）溶液的配制

A 溶液：称取 7.5g NaOH、6.0g $NaAlO_2$ 放入 250mL 烧杯中，加 90mL 水，加热搅拌溶解。

B 溶液：称取 6.0g 硅酸钠，放入 250mL 烧杯中，加入 90mL 水，加热搅拌溶解。

（2）成胶

将 B 溶液在电磁搅拌器上搅拌并加热，再分几次将 A 溶液加入 B 溶液中（注意调整合适的搅拌速度），但不要加得太快，以防突然凝聚。搅拌至胶状稀溶液并无块状物为止。

（3）晶化

把成胶混合物装入不锈钢反应釜（或四氟乙烯反应釜）中，拧紧釜盖，放在电热烘箱里，在 100℃温度下晶化约 5h。待反应釜冷却后，打开反应釜，反应物明显分为两层，上层为透明溶液，下层为白色结晶。在电子显微镜下观察可见正方形晶体，说明晶化已经完全。

（4）洗涤干燥

倾去上层清液，抽滤，水洗至 pH＝8～9，120℃下干燥得分子筛样品。

2. 分子筛性能测定

（1）晶型观察

用玻璃棒蘸取少量分子筛样品均匀放在玻璃载片上，在电子显微镜下观察晶体的形状和大小（分子筛为立方晶系，外形为正方形），如图 1 所示。

（2）吸水性

取少量已活化的分子筛（在马弗炉内于 600℃恒温 2h，然后在真空干燥器中冷却 0.5h 即可），放在小试管中，加入 2 粒已吸水变红的硅胶，根据硅胶颜色的变化观察其吸水性。

（3）对有机分子的吸附

准确称取约 0.5g 已活化的分子筛，放入已干燥并准确称取质量的瓷坩埚内，放置于干燥器中。干燥器下层放入一装有少量无水乙醇的小烧杯，静置 20h 以后再称取质量，根据质量变化值求出吸附乙醇的质量分数（可达 15％）；也可以称取 0.5g 已活化的分子筛，对有机染料如 $0.05g·L^{-1}$ 罗丹明 B、刚果红、亚甲基蓝溶液进行吸附性能测试，使用紫外-可见分光光度计测试吸光度，绘制吸附曲线，如图 2 所示。

图 1 分子筛微观结构 SEM

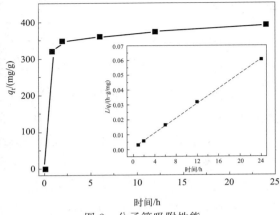

图 2 分子筛吸附性能

六、思考题与问题讨论

1. 计算吸附乙醇的质量分数。
2. 分子筛的类型有哪些？各有哪些应用？

实验六 碱式碳酸铜的制备与表征

一、实验项目风险评估

1. 化学品危害

硫酸铜（$CuSO_4$）：有毒，皮肤接触或摄入可引起中毒。吸入粉尘可能导致呼吸道刺激。对皮肤和眼睛有刺激性，可能导致过敏反应。

碳酸钠（Na_2CO_3）：对皮肤、眼睛和呼吸道有刺激性。

碱式碳酸铜[$Cu_2(OH)_2CO_3$]：有毒，摄入或吸入粉尘可引起中毒。对皮肤和眼睛有刺激性。

2. 操作风险

过滤操作：过滤和洗涤过程中可能会溅出腐蚀性液体，造成皮肤或眼睛伤害。

二、实验目的

1. 通过查阅资料了解碱式碳酸铜的制备原理和方法。
2. 通过实验确定制备碱式碳酸铜的最佳反应物配比和合适温度。
3. 初步学会设计实验方案，以培养独立分析、解决问题以及设计实验的能力。

三、实验原理

碱式碳酸铜 $[Cu_2(OH)_2CO_3]$ 为天然孔雀石的主要成分，呈暗绿色或淡蓝绿色，加热至 200℃ 即分解，在水中的溶解度很小，新制备的试样在水中很易分解。

根据 $CuSO_4$ 与 Na_2CO_3 反应的化学方程式，可制得 $Cu_2(OH)_2CO_3$：

$$2CuSO_4 + 2Na_2CO_3 + H_2O = Cu_2(OH)_2CO_3 \downarrow + 2Na_2SO_4 + CO_2 \uparrow$$

四、实验仪器和试剂

仪器：试管、烧杯、水浴装置、烘箱。

药品：$CuSO_4$ 溶液、Na_2CO_3 溶液。

五、实验步骤

1. 反应物溶液的配制

配制 $0.5 mol \cdot L^{-1}$ $CuSO_4$ 溶液和 $0.5 mol \cdot L^{-1}$ Na_2CO_3 溶液各 100mL。

2. 制备反应条件的探究

（1）$CuSO_4$ 和 Na_2CO_3 溶液的合适配比

于四支试管内均加入 2.0mL $0.5 mol \cdot L^{-1}$ $CuSO_4$ 溶液，再分别取 $0.5 mol \cdot L^{-1}$ Na_2CO_3 溶液 1.6mL、2.0mL、2.4mL 及 2.8mL 依次加入另外四支编号的试管中。将八支试管放在 75℃ 的恒温水浴中。几分钟后，依次将 $CuSO_4$ 溶液分别倒入 Na_2CO_3 溶液中，振荡试管，比较各试管中沉淀生成的速度、沉淀的数量及颜色，确定两种反应物溶液的合适配比。

（2）反应温度的确定

在三支试管中，各加入 2.0mL $0.5 mol \cdot L^{-1}$ $CuSO_4$ 溶液，另取三支试管，各加入由上述实验得到的合适用量的 $0.5 mol \cdot L^{-1}$ Na_2CO_3 溶液。从这两列试管中各取一支，将它们分别置于室温、50℃、100℃ 的恒温水浴中，数分钟后将 $CuSO_4$ 溶液倒入 Na_2CO_3 溶液中，振荡并观察现象，由实验结果确定制备反应的合适温度。

3. 碱式碳酸铜制备

取 60mL $0.5 mol \cdot L^{-1}$ $CuSO_4$ 溶液，根据上面实验确定的反应物合适比例及适宜温度制取碱式碳酸铜。待沉淀完全后，用蒸馏水沉淀数次，直到沉淀中不含 SO_4^{2-} 为止。

将所得产品在烘箱中于 100℃ 烘干，待冷却至室温后，称重并计算产率。

六、思考题与问题讨论

1. 哪些铜盐适合用于制取碱式碳酸铜？写出硫酸铜溶液和碳酸钠溶液反应的化学

方程式。

2. 各试管中沉淀的颜色为何会有差别？何种颜色产物的碱式碳酸铜含量最高？

3. 若将 Na_2CO_3 溶液倒入 $CuSO_4$ 溶液，其结果是否会不同？

4. 反应温度对本实验有何影响？

5. 反应在何种温度下进行会出现褐色产物？这种褐色物质是什么？

6. 除反应物的配比和反应温度对本实验的结果有影响外，反应物的种类、反应进行的时间等是否对产物的质量也会有影响？

7. 自行设计一个实验来测定产物中铜及碳酸根的含量，从而分析所制得碱式碳酸铜质量。

实验七　绿色植物中叶绿素的分离与鉴定

一、实验项目风险评估

1. 化学品危害

乙醇（Ethanol）：易燃，吸入高浓度蒸气可引起头晕、头痛、呼吸困难。

丙酮（Acetone）：易燃，高浓度蒸气对呼吸道、眼睛和皮肤有刺激性，长期接触可能引起中毒。

石油醚（Petroleum Ether）：高度易燃，吸入可引起头晕、头痛、呼吸困难，对皮肤有刺激性。

植物材料，处理植物组织：处理过程中可能会产生植物碎屑，部分植物组织可能对皮肤有刺激。

2. 物理危害

离心设备：使用离心机时若离心管放置不平衡，将导致设备损坏或样品溅出。

3. 操作风险

溶剂处理：不正确的溶剂处理和操作可能引发火灾和中毒风险。

样品处理：在样品提取、离心和过滤过程中，操作不当可能导致样品溅出，造成污染和伤害。

二、实验目的

1. 掌握从菠菜叶（或大叶黄杨叶）中提取叶绿素的方法。

2. 了解薄层色谱的原理，掌握薄层色谱的一般操作和定性鉴定方法。

3. 学习从菠菜中提取出叶绿素、胡萝卜素、叶黄素等色素并加以分离。

三、实验原理

色谱法利用混合物中各组分在某一物质中的吸附或溶解性能（即分配）的不同，或其它亲和作用性能的差异，使混合物的溶液流经该物质，进行反复的吸附或分配等作用，从而将各组分分开。薄层色谱法是其中一种微量、快速的分析分离方法。它具有灵敏、快速、准确等优点。

植物叶片中的叶绿体色素有叶绿素和类胡萝卜素两类，主要包括叶绿素 a、叶绿素 b、β-胡萝卜素及叶黄素四种。叶绿体色素是脂溶性色素，易溶于乙醚、乙醇、丙酮、氯仿、二硫化碳、苯，难溶于冷甲醇，几乎不溶于石油醚、汽油。植物叶绿体色素通常可用乙醇、丙酮等有机溶剂提取，在波长 662nm、644nm 处测定吸光值，根据式（1）和式（2）计算叶绿素 a 和叶绿素 b 的含量。

叶绿素 a 的含量$(mg/g) = (12.7A_{662} - 2.69A_{644}) \times 2V/(1000W)$ （1）

叶绿素 b 的含量$(mg/g) = (22.7A_{662} - 4.68A_{644}) \times 2V/(1000W)$ （2）

式中，A_{662}、A_{644} 分别为相应波长下的吸光值；V 为提取液的体积；W 为叶片质量。

通过薄层色谱（Thin-Layer Chromatograph，TLC）对叶绿体色素提取液进一步分离，可分离叶绿素 a、叶绿素 b、β-胡萝卜素及叶黄素，经多次制备可得少量叶绿素纯品，并进行光谱表征。

四、实验仪器与试剂

仪器：离心机、紫外-可见分光光度计、硅胶 G 薄层板、容量瓶、分液漏斗及其他常规玻璃仪器。

试剂：95%乙醇、丙酮、石油醚（60～90℃）、氯化钠固体（分析纯）、硅胶 G、0.5%羧甲基纤维素钠、无水硫酸钠。

五、实验步骤

1. 菠菜叶片预处理

采集新鲜成熟菠菜叶若干，叶片呈深绿色，用清水洗净，分批投入沸水中，不断搅拌 30s，迅速捞起放入凉水中冷却，然后用滤纸吸干叶片表面水分。

2. 叶绿体色素的提取

称取 2g 预处理过的大叶黄杨叶片，剪碎置于研钵中，量取 30mL 提取剂（95%乙醇），边加入提取剂，边快速研磨叶片，研磨约 10min，此过程在通风橱中进行。研磨完毕用一不锈钢网滤去残渣，得到提取液。

也可用菠菜叶代替。洗净用滤纸吸干的新鲜（或冷冻）的菠菜叶，用剪刀剪碎并与 20mL 乙醇拌匀，在研钵中研磨约 5min，然后用布氏漏斗抽滤，弃去滤液。

(1) 提取液的粗提纯

在分液漏斗中加入 15mL 石油醚，再倒入上步的提取液，静置 30s，加入 5mL 饱和食盐水和 15mL 蒸馏水，目的是将溶液中的水溶性物质转入水相，可见明显分层。分去下部水层，再次加入 5mL 饱和食盐水和 15mL 蒸馏水，最后将提取液转入棕色瓶中保存。

(2) 提取液的进一步提纯

将经粗提纯的提取液转入离心管中，管口用保鲜膜盖住，在 1000r/min 的转速下离心 10min，取其上层清液避光保存。

经进一步提纯的色素提取液，可转入 25mL 容量瓶中用石油醚定容，以石油醚为参比溶液，分别用 0.5cm 的比色皿盛装，用紫外-可见分光光度计测量其在 662nm、644nm 的吸光值并计算叶绿体色素的含量。

3. 叶绿体色素的分离

(1) 硅胶 G 薄层板活化及层析液的制备

硅胶 G 薄层板活化：在 120℃烘箱中烘 60min，放于干燥箱中保存。

层析液的制备：往层析缸中加入 10mL 丙酮：石油醚（2：3）层析液，轻轻振荡层析缸，盖上层析缸盖，静置 10～15min，使其在层析缸中溶剂蒸汽饱和。

(2) 点样

取硅胶 G 薄层板，在板一侧距底边 1.5cm 处画一条横线作为起点线，在起点线以上 12cm 处画一条横线作为终点线，用干燥干净的玻璃毛细管在起点线处点样（溶剂挥发后，轻触 6 到 7 次），斑点直径尽量小，晾干。

(3) 展开

将点好样的硅胶 G 薄层板放入层析缸中，液面不能超过点样线，盖好盖子进行上行层析。要尽可能多地分离叶片各种色素，待展开剂上升到终点线附近时（约需 20～30min），取出并在通风橱内晾干。

(4) 鉴定

观察各斑点的颜色，并计算比移值 R_f

$$R_f = \frac{样品中某组分移动离开原点的距离}{展开剂前沿距原点中心的距离}$$

4. 叶绿体色素的光谱表征

将薄层板上分开的叶绿素 a 和叶绿素 b 的色带分别用干净刮刀刮入试管中，加入 5mL 80%丙酮溶液提取，通过紫外-可见光谱法进行定性鉴定。可自上往下看到橙黄色 β-胡萝卜素、棕黄色的叶黄素、蓝绿色的叶绿素 a 及黄绿色的叶绿素 b 色带。

六、思考题与问题讨论

1. 绿色植物叶片的主要成分是什么？提取液可能含有哪些化合物？

2. 薄层色谱分离色素原理是什么？

3. 试比较叶绿素 a、叶绿素 b 和 β-胡萝卜素的极性，为什么 β-胡萝卜素在薄层板上移动最快？

实验八　硫酸亚铁胺的制备与含量检验

一、实验项目风险评估

1. 化学品危害

硫酸亚铁（$FeSO_4$）：有毒，摄入或吸入粉尘可引起中毒。对皮肤和眼睛有刺激性，可能导致过敏反应。

硫酸铵 [$(NH_4)_2SO_4$]：一般毒性较低，但大量摄入可能导致中毒。对皮肤和眼睛有轻微刺激。

硫酸：具强腐蚀性，对皮肤、眼睛和呼吸道有强烈刺激和灼伤作用。浓硫酸具强氧化性，能与多种物质剧烈反应，释放大量热量。

硫氰化钾（KSCN）：低毒性，但摄入或吸入可引起中毒，对皮肤和眼睛有刺激性。

硝酸：具强腐蚀性和氧化性，接触皮肤可引起严重灼伤，吸入蒸气对呼吸道有强烈刺激作用。

2. 操作风险

铁屑酸化：可能引发剧烈反应，产生 H_2S 等有毒气体或 H_2 等易燃气体引起爆炸，相关酸化反应需要在通风橱中进行。

结晶操作：在冷却和结晶过程中，操作不当可能导致溶液溅出，造成皮肤或眼睛伤害。

二、实验目的

1. 熟练掌握无机制备的一些基本操作，如水浴加热、蒸发、浓缩、结晶、减压过滤等。

2. 了解硫酸亚铁铵的制备方法，了解复盐的特性。

3. 根据有关原理及数据设计并制备复盐硫酸亚铁铵。

4. 了解 $(NH_4)_2SO_4 \cdot FeSO_4 \cdot 6H_2O$ 纯度检验的方法，学习用目测比色法检验产品的质量等级的方法。

三、实验原理

硫酸亚铁铵 $[(NH_4)_2SO_4 \cdot FeSO_4 \cdot 6H_2O]$，又称莫尔盐，它是透明、浅蓝绿色单斜晶体，易溶于水而不溶于酒精等有机溶剂。一般的亚铁盐在空气中易被氧化而变质，而形成复盐后则稳定得多，在空气中不易被氧化，在定量分析中常采用莫尔盐来配制亚铁离子的标准溶液。它在制药、电镀、印刷等工业方面得到广泛应用。

取过量的铁屑与稀硫酸反应，反应式如下：

$$Fe + H_2SO_4 = FeSO_4 + H_2 \uparrow$$

等物质的量的 $FeSO_4$ 与饱和的 $(NH_4)_2SO_4$ 反应，得到莫尔盐：

$$FeSO_4 + (NH_4)_2SO_4 + 6H_2O = (NH_4)_2SO_4 \cdot FeSO_4 \cdot 6H_2O \downarrow$$

硫酸铵、硫酸亚铁和硫酸亚铁铵在水中的溶解度数据见表1。

表1 硫酸铵、硫酸亚铁和硫酸亚铁铵在水中的溶解度　　单位：g/100g 水

化合物	$t/℃$			
	10	20	30	70
$FeSO_4$	20.5	26.6	33.2	56.0
$(NH_4)_2SO_4$	73.0	75.4	78.1	91.9
$(NH_4)_2SO_4 \cdot FeSO_4 \cdot 6H_2O$	18.1	21.2	24.5	38.5

四、实验仪器与试剂

仪器：电子天平、锥形瓶、玻璃棒、量筒、减压过滤装置、酒精灯、铁架台、目视比色管（25mL）、酸式滴定管、移液管、蒸发皿、滤纸。

试剂：废铁屑、硫酸铵固体、硫酸溶液（$3mol \cdot L^{-1}$）、盐酸溶液（$3mol \cdot L^{-1}$）、碳酸钠溶液（10%）、酒精溶液（95%）、硫氰化钾溶液（25%）、Fe^{3+} 标准溶液（$0.01mg \cdot L^{-1}$）。

五、实验步骤

1. 称取 3g 废 Fe 屑，放于锥形瓶内，加入 15mL 10% Na_2CO_3 溶液，小火加热 10 分钟以除去废 Fe 屑上的油污，用倾泻法倒掉碱液，然后依次用自来水和蒸馏水将铁屑洗涤干净，干燥，记录其质量。

2. 往盛有 Fe 屑的锥形瓶中加入 15mL $3mol \cdot L^{-1}$ 硫酸溶液，放在水浴上加热至不再有气泡放出，趁热过滤，用少量热水洗涤锥形瓶及漏斗上的残渣。将溶液倒入蒸发皿中。将留在锥形瓶内和滤纸上的残渣收集在一起用碎滤纸吸干后称重，由已反应的 Fe 屑质量算出溶液中生成的 $FeSO_4$ 的量。

3. 根据溶液中 $FeSO_4$ 的量，按反应方程式计算并称取所需 $(NH_4)_2SO_4$ 固体的量，倒入上面制得的 $FeSO_4$ 溶液中。水浴蒸发、浓缩至表面出现结晶薄膜为止。放置

冷却，得 $(NH_4)_2SO_4 \cdot FeSO_4 \cdot 6H_2O$ 晶体。

4. 用无水乙醇冲洗晶体 2 到 3 次，以去除表面水分，用两块滤纸吸干无水乙醇，观察晶体的颜色和形状。称量晶体质量，计算产率。

5. 产品检验 [Fe(Ⅲ) 的限量分析]。此产品分析方法是将成品配制成溶液，并与各标准溶液进行比色，以确定杂质含量范围。如果成品溶液的颜色不深于标准溶液，则认为杂质含量低于某一规定限度，这种分析方法称为限量分析。

（1）Fe(Ⅲ) 标准溶液的配制。称取 0.8634g $(NH_4)_2Fe(SO_4)_2 \cdot 6H_2O$，溶于少量水中，加 2.5mL 浓 H_2SO_4，移入 1000mL 容量瓶中，用水稀释至刻度。此溶液为 $0.1000 g \cdot L^{-1}$ Fe^{2+}。

（2）标准色阶的配制。取 0.50mL Fe(Ⅲ) 标准溶液于 25mL 比色管中，加 2mL $3mol \cdot L^{-1}$ HCl 和 1mL 25% 的 KSCN 溶液，用蒸馏水稀释至刻度，摇匀，配制成 Fe 标准液（含 Fe^{2+} 为 $0.002 g \cdot L^{-1}$）。

同样，分别取 0.05mL Fe(Ⅲ) 和 2.00mL Fe(Ⅲ) 标准溶液，如上述操作配制成 Fe 标准液（含 Fe^{3+} 分别为 $0.0002 g \cdot L^{-1}$、$0.008 g \cdot L^{-1}$）。

（3）产品级别的确定。称取 1.0g 产品于 25mL 比色管中，用 15mL 去离子水溶解，再加入 2mL $3mol \cdot L^{-1}$ HCl 和 1mL 25% KSCN 溶液，加水稀释至 25mL，摇匀。与标准色阶进行目视比色，确定产品级别。

六、思考题与问题讨论

1. 为什么制备硫酸亚铁和硫酸亚铁铵溶液时都要保持强酸度？
2. 为什么要采取减压过滤？
3. 洗涤晶体时为什么要用 95% 乙醇而不用水洗涤晶体？

实验九　二氧化碳临界状态观测及 p-V-T 关系测定

一、实验项目风险评估

1. 实验压力不能超过 9.8MPa。
2. 应缓慢摇进活塞螺杆，否则来不及平衡，难以保证恒温恒压条件。
3. 在将要出现液相、存在气液两相和气相将完全消失以及接近临界点的情况下，升压间隔要很小，升压速度要缓慢。严格来讲，温度一定时，在气液两相同时存在的情况下，压力应保持不变。

4. 压力表读得的读数是表压，数据处理时应按绝对压力计算。

二、实验目的

1. 学习和掌握纯物质的 $p\text{-}V\text{-}T$ 关系曲线的测定方法和原理。
2. 观察纯物质临界乳光现象、整体相变现象、气-液两相模糊不清现象，增强对临界状态的感性认识和热力学基本概念的理解。
3. 测定纯物质的 p、V、T 数据，在 $p\text{-}V$ 图上绘出纯物质等温线。
4. 掌握活塞式压力计、恒温器等热工仪器的正确使用方法。

三、实验原理

压力（p）、体积（V）、温度（T）是流体最基本的热力学性质，可以直接精确测量，而其它大部分热力学函数可以通过 p、V、T 参数关联计算，因此流体的 p、V、T 性质是研究其它热力学性质的基础和桥梁。在众多的热力学性质中，p、V、T 数据不仅是绘制真实气体压缩因子的基础，还是计算内能、焓、熵等一系列热力学函数必不可少的参数，了解和掌握真实气体 p、V、T 性质的测试方法，对研究气体的热力学性质具有重要的意义。

1. 测定 CO_2 的 $p\text{-}V\text{-}T$ 关系曲线

对简单可压缩流体热力学系统，当工质处于平衡状态时，其状态参数 p、V、T 之间有如下关系：

$$F(p,V,T)=0 \text{ 或 } p=f(V,T) \tag{1}$$

本实验采用定温方法测定 CO_2 流体 p、V 之间的关系，从而找出 CO_2 的 $p\text{-}V\text{-}T$ 的关系。

由压力台送来的压力油进入高压容器和玻璃杯上半部，迫使水银进入预先装了 CO_2 气体的承压玻璃管。CO_2 被压缩，其压力和容积通过压力台上的活塞杆的进、退来调节，压力由装在压力台上的压力表读出。温度由恒温器供给的水套里的水温来调节，数值由插在恒温水套中的温度计读出。比容首先由承压玻璃管内二氧化碳柱的高度来度量，而后再根据承压玻璃管内径均匀、面积不变等条件换算得出。

由于充进承压玻璃管内的 CO_2 质量 m 不便测量，而玻璃管内径或截面积 A 又不易测准，因而实验采用间接法来确定 CO_2 的比容。已知 CO_2 液体在 20℃，9.8MPa 时的比容 v 为 $0.00117\text{m}^3\cdot\text{kg}^{-1}$，实验中测得的 CO_2 在 20℃、9.8MPa 时的液柱高度为 h^*（m），根据式（2）：

$$v(20℃,9.8\text{MPa})=\frac{h^*\times A}{m}=0.00117(\text{m}^3\cdot\text{kg}^{-1}) \tag{2}$$

计算可得仪器常数 k：

$$k=\frac{m}{A}=\frac{h^*}{0.00117}(\text{kg}\cdot\text{m}^{-2}) \tag{3}$$

相同的原理，也可以采用其它已知条件下的 CO_2 比容值来确定仪器常数。测得仪器常数后，任意温度、压力下 CO_2 的比容 v 由式(4) 计算：

$$v = \frac{h}{m/A} = \frac{h}{k} \tag{4}$$

式中，h 为 CO_2 流体充满玻璃管的高度，即承压玻璃管中水银柱顶端刻度值与玻璃管内空间顶端刻度值之差。

2. 观察热力学现象

（1）临界乳光现象

将水加热到临界温度（31.1℃）并保持温度不变，摇进压力台上的活塞螺杆使压力升至 7.8MPa 附近，然后摇退活塞螺杆（注意勿使实验本体晃动）降压，在此瞬间玻璃管内将出现圆锥状的乳白色的闪光现象，这就是临界乳光现象。这是由于二氧化碳分子受重力场作用沿高度分布不均和光的散射，可以反复几次，来观察这一现象。

（2）整体相变现象

由于在临界点时，气化潜热等于零，饱和气相线和饱和液相线合于一点，所以这时气液的相互转化不是像临界温度以下时那样逐渐积累，需要一定的时间，表现为一个渐变的过程，而这时当压力稍有变化时，气、液是以突变的形式互相转化的。

（3）气、液两相模糊不清的现象

处于临界点的二氧化碳具有共同的参数，因而仅凭参数是不能区分此时二氧化碳是气体还是液体，如果说它是气体，那么这个气体是接近了液态的气体，如果说它是液体，那么这个液体是接近了气态的液体。下面就用实验来验证这个结论。因为这时是处于临界温度下，如果按等温线过程来使二氧化碳压缩或膨胀，那么管内是什么也看不到的。现在按绝热过程来进行。首先在压力 7.8MPa 附近突然降压，二氧化碳状态点由等温线沿绝热线降到液态区，管内二氧化碳出现了明显的液面，这就说明，如果这时管内二氧化碳是气体的话，那么这种气体离液区很接近，可以说是接近了液态的气体；当膨胀之后突然压缩二氧化碳时，这个液面又立即消失，此时的二氧化碳液体离气区也是非常近的，可以说是接近了气态的液体。这就是临界点附近饱和气液模糊不清的现象。

四、实验仪器与试剂

仪器：测温仪表、手动油压机、毛细玻璃管。

试剂：二氧化碳气体。

1. 实验流程图

整个实验装置（图1）由压力台、恒温器和实验台本体（图2）及其防护罩等三大部分组成。

2. 流程说明

实验中，由压力台送来的压力油进入高压容器和不锈钢杯上半部，使水银进入预先

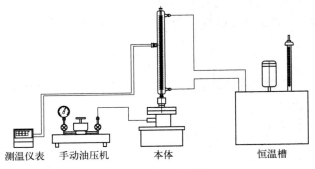

图 1 实验台系统图

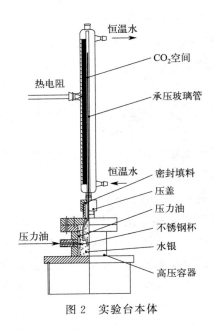

图 2 实验台本体

装有高纯度的 CO_2 气体的承压玻璃管，CO_2 气体被压缩，其压力和容积通过压力台上的活塞螺杆的进、退来调节。水套中的温度由恒温槽供给的恒温水调节。CO_2 的压力由装在压力台上的精密压力表读出（注意：绝压＝表压＋大气压），温度由插在恒温水套中的温度传感器读出，比容由 CO_2 柱的高度除以质面比常数计算得到。

3. 设备仪表参数

毛细玻璃管长度：600mm。

压力台：最大压力 10MPa。

恒温水浴温度范围：－5～99℃。

五、实验步骤

1. 启动装置总电源，开启实验台本体上 LED 灯。

2. 打开恒温槽进行恒温操作。调节恒温槽水位至离盖 30～50mm，打开恒温槽开关，按恒温槽操作说明进行温度调节至所需温度，观测实际水槽温度，并调整水槽温度至尽可能靠近所需实验温度（可近似认为承压玻璃管内的 CO_2 的温度等于水槽的温度）。

3. 加压前的准备。因为压力台的活塞腔体容量比容器容量小，需要多次从油杯里抽油，再向高压容器充油。压力台抽油、充油的操作过程非常重要，若操作失误，不但加不上压力，还会损坏实验设备。所以，务必认真掌握，其步骤如下：

（1）关闭压力台至加压油管的阀门，开启压力台油杯上的进油阀，保证压力表阀门常开。

（2）摇退压力台上的活塞螺杆，直至螺杆全部退出。这时，压力台活塞腔体中抽满了油。

（3）先关闭油杯阀门，然后开启压力台和高压油管的连接阀门。

（4）摇进活塞螺杆，使高压容器充油，直至压力表上有压力读数时，关闭压力台和高压油管的连接阀门，打开进油阀，摇退活塞使活塞腔体充满油。

（5）再次检查油杯阀门是否关好，压力表及本体油路阀门是否开启。若均已调定后，即可进行实验。

4. 测定承压玻璃管（毛细管）内 CO_2 的质面比常数 k 值。

（1）恒温到 25℃，加压到 7.8MPa，此时比容 $v=0.00124$。

（2）稳定后记录此时的水银柱高度 h 和毛细管柱顶端高度 h_0，换算质面比常数。

5. 测定低于临界温度 $t=10℃$、20℃时的等温线（此温度为建议值，温度低于室温太多时，容易产生水汽，实验时可自行选择）。

（1）将恒温器调定在 $t=20℃$，并保持恒温。

（2）逐渐增加压力，压力在 4.5MPa 左右（毛细管下部出现水银液面）开始读取相应水银柱上液面刻度，记录第一个数据点。

（3）根据标准曲线结合实际观察毛细管内物质状态，若处于单相区，则按压力 0.3MPa 左右提高压力；当观测到毛细管内出现液柱，则按每提高液柱 5～10mm，记录一次数据；达到稳定时，读取相应水银柱上液面刻度（注意：加压时，应足够缓慢地摇进活塞杆，以保证定温条件；另外，在将要出现液相、气液两相共存和接近临界点的情况下，系统需要稳定后读取压力值，升压间隔要很小，升压速度要缓慢）。

（4）再次处于单相区时，逐次提高压力，按压力间隔 0.3MPa 左右升压，直到压力达到 9.0MPa 左右为止，在操作过程中记录相关压力和刻度。

6. 测定临界等温线和临界参数，并观察临界现象。

（1）将恒温水浴调至 31.1℃，按上述方法和步骤测出临界等温线，注意在曲线的拐点（7.5～7.8MPa）附近，应缓慢调节压力（调节间隔可在 5mm 刻度），较准确地确定临界压力和临界比容，较准确地描绘出临界等温线上的拐点。

（2）观察临界现象。

① 临界乳光现象。

② 整体相变现象。

③ 气液两相模糊不清的现象。

7. 测定高于临界温度 $t=50$℃时的定温线（此温度为建议值，实验时可自行选择）。将恒温水浴调至 50℃，按上述方法和步骤测出等温线。

8. 实验结束后，给装置进行降压操作，摇退螺杆至压力表读数为 0.2MPa，所有阀门处于打开状态。

六、数据记录与处理

（1）质面比常数 k 值计算

温度/℃	压力/atm	Δh^*/mm	v/(m^3·kg^{-1})	k/(kg·m^{-3})

（2）记录不同温度下的 $p\text{-}h$ 数据

编号	温度							
	10℃		20℃		31.1℃		50℃	
	水银柱高度值/mm	压力/MPa	水银柱高度值/mm	压力/MPa	水银柱高度值/mm	压力/MPa	水银柱高度值/mm	压力/MPa
1								
2								
3								
4								
…								

（3）对记录数据进行处理并列入表格

编号	温度							
	10℃		20℃		31.1℃		50℃	
	比容	绝对压力/MPa	比容	绝对压力/MPa	比容	绝对压力/MPa	比容	绝对压力/MPa
1								
2								
3								
4								
…								

七、思考题及问题讨论

作出 $V\text{-}p$ 曲线，并与理论曲线对比，分析其中的异同点。

实验十　粗盐的提纯

一、实验项目风险评估

注意 HCl、NaOH、$BaCl_2$、Na_2CO_3、$(NH_4)_2C_2O_4$ 危化品试剂使用安全、注意电器用电安全。同时，操作人员工作时要求穿实验工作服、佩戴手套、口罩、防护眼镜等实验安全防护用品。

二、实验目的

1. 掌握离心机的使用及离心分离。
2. 查出钙、镁、钡的碳酸盐（或碱式盐）和硫酸盐的溶解度。
3. 检索并了解 Ca^{2+}、SO_4^{2-}、K^+、Mg^{2+} 等离子的鉴定方法。
4. 了解常见物质沉淀的沉淀条件。

三、实验原理

利用氯化钠的溶解度随温度变化不大的原理可以对氯化钠进行提纯。氯化钠提纯先加盐酸，是利用同离子效应使更多的氯化钠沉淀出；蒸发到快干是为了减少溶液体积，使氯化钠最大限度析出；再过滤是为了提高氯化钠的纯度。

四、实验仪器与试剂

仪器：台秤、烧杯（100mL）2个、普通漏斗、漏斗架、布氏漏斗、吸滤瓶、真空泵、蒸发皿、量筒（10mL 1个、50mL 1个）、泥三角、石棉网、坩埚钳、酒精灯。

试剂：$6mol·L^{-1}$ HCl 溶液、NaOH、$1mol·L^{-1}$ $BaCl_2$、饱和 $NaCO_3$ 溶液、$3mol·L^{-1}$ H_2SO_4 溶液、粗盐。

五、实验步骤

1. 粗盐的溶解

使用台秤称取 5g 粗盐，向 100mL 烧杯中加 20mL 水，加热搅拌使粗盐溶解。

2. 除 SO_4^{2-}

加热溶液到近沸，一边搅拌，一边逐滴加入 2.0mL $1mol·L^{-1}$ $BaCl_2$ 溶液，继续加热 5min，使沉淀颗粒长大而易于沉降。

3. 检查 SO_4^{2-} 是否除尽

将烧杯从石棉网上取下,待沉降后取少量上层溶液,离心沉降后分离,在离心液中加几滴 $6mol·L^{-1}$ HCl 溶液,再加几滴 $BaCl_2$ 溶液,如果有混浊,表 SO_4^{2-} 尚未除尽,需要再加 $BaCl_2$ 溶液。如果不混浊,表示 SO_4^{2-} 已除尽,过滤,除去沉淀。

4. 除 Mg^{2+}、Ca^{2+}、Ba^{2+} 等阳离子

将上面滤液加热至近沸,边搅拌,边滴加饱和 Na_2CO_3 溶液,直到不生成沉淀为止,再多加 1.0mL 饱和 Na_2CO_3 溶液,静置。

5. 检查 Ba^{2+} 是否除尽

取少量上层溶液离心分离后,在离心液中加几滴 $3mol·L^{-1}$ H_2SO_4 溶液,如果有混浊,表示 Ba^{2+} 未除尽,需继续加饱和 Na_2CO_3 溶液,直到除尽为止(检查液用后弃去)。过滤,弃去沉淀。

6. 用盐酸调整酸度除去剩余的 CO_3^{2-}

往溶液中滴加 $6mol·L^{-1}$ HCl 溶液,加热搅拌,中和至溶液的 pH=2~3。

7. 浓缩、结晶

把溶液蒸发浓缩到原体积的 1/3,冷却结晶,过滤,用少量蒸馏水洗涤晶体,抽干。把 NaCl 晶体放在蒸发皿内,用小火边搅拌边烘干,以防止溅出与结块,再用大火灼烧 1~2min。冷却后称量。

8. 产品质量鉴定

取原料、产品各 0.5g,分别溶于 1.5mL 蒸馏水中,定性鉴定溶液中有无 SO_4^{2-}、Ca^{2+}、Mg^{2+}、K^+,比较实验结果。

六、思考题与问题讨论

1. 提纯时能否用一次过滤除去硫酸钡、碳酸盐(或氢氧化物)沉淀?
2. 用计算说明加盐酸除去剩余的 CO_3^{2-},溶液的 pH 应控制在何值?

设(1)溶液溶解二氧化碳达到饱和时,$[H_2CO_3]=0.04mol·L^{-1}$;(2)除尽的标准为 $[HCO_3^-]=1.0×10^{-6}mol·L^{-1}$。

3. 氯化钠溶液的浓缩程度对产品的质量有何影响?
4. 如何除去粗盐中不溶性、可溶性杂质?
5. 氯化钡毒性很大,切勿入口。能否用其他无毒盐如氯化钙等来除 SO_4^{2-}?
6. 能否用其他酸来除去多余的 CO_3^{2-}?
7. 除去可溶性杂质离子的先后次序是否合理,可否任意变换次序?
8. 加沉淀剂除杂质时,为了得到较大晶粒的沉淀,沉淀的条件是什么?
9. 在除杂质过程中,倘若加热温度高或时间长,液面上会有小晶体出现,这是什

么物质？此时能否过滤除去杂质，若不能，应采取何种措施？

实验十一　化学反应速率和化学平衡

一、实验项目风险评估

1. 化学品危害

碘单质：碘单质有毒性和腐蚀性。

腐蚀性试剂：如浓硫酸、浓碱等可能对皮肤和眼睛造成灼伤。

易燃物质：某些反应物是易燃的，如乙醇等。

易制爆物质：H_2O_2的某些反应可能发生爆炸，需要特别小心处理。锌粉粉尘与空气能形成爆炸性混合物，易被明火点燃引起爆炸。

2. 物理危害

高温：高温操作可能导致烫伤或火灾。

高压：高压反应可能导致容器爆炸或泄漏。

3. 操作风险

加热操作：可能导致试剂挥发或溅出，引发火灾或灼伤。应严格按照实验步骤操作，逐步加入试剂，避免一次性大量加入引发剧烈反应。

安全加热：使用电炉或水浴等安全加热设备，避免明火，注意加热温度控制。

压力控制：不正确的压力控制可能导致容器爆炸或泄漏。使用压力容器或反应釜时，严格控制压力，防止超压。

二、实验目的

1. 了解温度、浓度、催化剂等对化学反应速率的影响。
2. 了解浓度、温度对化学平衡的影响。

三、实验原理

化学反应速率是以单位时间内反应物浓度或生成物浓度的改变来计算的。影响化学反应速率的因素有浓度、温度、催化剂等。此外，在多相反应中，反应速率还与接触面和扩散速率有关。反应物之间接触面增大，则反应速率加快。

1. 浓度的影响

KIO_3可氧化$NaHSO_3$而本身被还原，其反应如下：

$$2KIO_3 + 5NaHSO_3 = 3NaHSO_4 + 2K_2SO_4 + I_2 + H_2O$$

反应中生成的 I_2，可使淀粉变成蓝色。淀粉变蓝所需时间的长短，可反映反应的快慢。

2. 温度的影响

温度对化学反应速率的影响较显著，一般来说，温度升高，化学反应速率增大。

3. 催化剂的影响

催化剂能使反应速率加快，是因为在化学反应中催化剂能降低反应的活化能。

当可逆反应达到平衡时，如果改变平衡的条件，平衡就被破坏而发生移动。例如，增加反应物的浓度，平衡就向减小反应物浓度及增大生成物浓度的方向移动。

四、实验仪器与试剂

仪器：试管、量筒、玻璃杯、烧杯、锥形瓶、平衡双球（已充入 NO_2 气体）温度计、酒精灯、铁架台。

试剂：KIO_3（$0.05 mol \cdot L^{-1}$）、$NaHSO_3$（$0.05 mol \cdot L^{-1}$）、$FeCl_3$（$0.01 mol \cdot L^{-1}$）、NH_4SCN（$0.01 mol \cdot L^{-1}$）、$CuSO_4$（$0.01 mol \cdot L^{-1}$）、H_2O_2（30%）、淀粉溶液（0.5%）、MnO_2(s)、胶塞、油性笔、锌粒、锌粉。

五、实验步骤

1. 浓度对化学反应速率的影响

用 50mL 量筒量取 10mL $0.05 mol \cdot L^{-1}$ $NaHSO_3$ 和 35mL 水倒入 100mL 小烧杯中。滴加淀粉溶液 10 滴，搅拌均匀。用另一只 10mL 量筒量取 5mL $0.05 mol \cdot L^{-1}$ KIO_3 溶液，准备好表和搅拌棒，将量筒中的 KIO_3 溶液迅速倒入盛有 $NaHSO_3$ 溶液的小烧杯，立即看表计时并加以搅拌，记录溶液变蓝所需时间，改变加入的水的体积，重复上述操作，并填入表 1 中。

表 1 浓度对化学反应速率的影响

实验号数	V_{NaHSO_3}/mL	V_{H_2O}/mL	V_{KIO_3}/mL	溶液变蓝的时间/s	$(1/t) \times 100/s^{-1}$	c_{KIO_3}
1	10	35	5			
2	10	30	10			
3	10	25	15			
4	10	20	20			
5	10	15	25			

根据表 1 实验数据。以 KIO_3 的浓度为横坐标，$(1/t) \times 100$ 作纵坐标，绘制曲线。得出浓度对化学反应速率有何影响的结论。

2. 温度对化学反应速率的影响

用 100mL 量筒量取 10mL $0.05 mol \cdot L^{-1}$ $NaHSO_3$ 和 35mL 水，加入 100mL 烧杯

中,滴加淀粉溶液10滴。用另一只10mL量筒量取 5mL 0.05mol·L^{-1} KIO$_3$ 溶液加入另一试管中,将小烧杯和试管同时放在水浴中,加热到高出室温10℃左右,拿出,将 KIO$_3$ 溶液迅速倒入盛有 NaHSO$_3$ 溶液的小烧杯,立即看表计时并加以搅动,记录溶液变蓝所需时间,改变水浴温度,重述上述操作,并填入表2中。

表2 温度对化学反应速率的影响

实验号数	V_{NaHSO_3}/mL	V_{H_2O}/mL	V_{KIO_3}/mL	实验温度/℃	溶液变蓝时间/s
1	10	35	5		
2	10	35	5		

根据表2实验数据,得出温度对化学反应速率有何影响的结论。

3. 催化剂对化学反应速率的影响

取一支试管,加入30% H$_2$O$_2$ 溶液1mL,观察是否有气泡产生,然后往试管中加入少量 MnO$_2$ 粉末,观察是否有气泡(O$_2$)放出,并用余烬火柴检验放出的气体。

4. 接触面对反应速率的影响

取2支试管,各加入 CuSO$_4$ 溶液2mL,再往第1支试管中加入少量锌粉,往第2支试管中加入几颗锌粒,观察 CuSO$_4$ 溶液的颜色变化,并比较反应的快慢。

5. 浓度对化学平衡的影响

在1支试管中加蒸馏水10mL,然后加入5滴 FeCl$_3$ 和5滴 NH$_4$SCN,得到血红色溶液。再把该溶液均分到4支试管中,然后,在第1支试管中加入5滴 FeCl$_3$;在第2支试管中加入5滴 NH$_4$SCN;在第3支试管中加入少量的 NH$_4$Cl 固体;第4支试管留作参比。观察溶液的变化并说明浓度对化学平衡的影响。

6. 温度对化学平衡的影响

在平衡双球(图1)中在一定条件下存在下列平衡:

$$2NO_2 \rightleftharpoons N_2O_4 \quad \Delta H = 54.431 kJ·mol^{-1}$$

红棕色　　无色

图1 平衡双球

将其中一只球浸于盛有热水的烧杯中,另一只球浸在盛有冷水的烧杯中,比较两球的颜色,并说明温度对化学平衡的影响。

六、思考题与问题讨论

1. 举一些生活实例,说明接触面对化学反应速率的影响。
2. 在什么样的条件下会发生化学平衡移动?有何规律?
3. 总结影响化学反应速率和化学平衡的因素。

实验室十二　Ni（NH$_3$）$_x$Cl$_y$的制备和组成测定

一、实验项目风险评估

1. 化学品危害

氯化镍：有毒，有致癌性，可通过皮肤吸收，可能引起过敏反应。应使用手套、护目镜，穿实验服，操作时在通风橱内进行，避免吸入粉尘或溶液。

氨水：有强烈刺激性气味，对呼吸道、皮肤和眼睛有强烈刺激性。应在通风良好的环境中使用，必要时佩戴防毒面具和手套，避免直接接触。

易制毒和易制爆危化品：应注意易制毒和易制爆危化品使用安全，如 HCl、HNO$_3$、AgNO$_3$、乙醚。

硝酸银：其水溶液和固体常被保存在棕色试剂瓶中，远离火种、热源，避免光照。

铬酸钾：铬为六价，铬酸钾属于一级致癌物质，吸入或吞食会导致癌症，应与还原剂、易燃物、可燃物等分开存放，穿戴适当的防护服和手套。

2. 操作风险

溶解、混合氯化镍与氨水的过程：可能产生热量和氨气，造成烫伤和吸入风险。应缓慢加入氨水，确保反应温和进行，操作在通风橱内进行，避免产生过多氨气。

加热和冷却风险：反应物加热时可能会溅出或爆沸，冷却过程中可能引起玻璃器皿破裂。应使用防护罩和耐热手套，加热时缓慢升温，冷却时避免快速降温。

二、实验目的

1. 了解镍单质及其化合物的性质。
2. 了解金属离子指示剂——紫脲酸胺使用方法。

三、实验原理

Ni(NH$_3$)$_x$Cl$_y$ 的制备通常通过在氯化镍溶液中加入氨水来进行。

(1) 溶解氯化镍：氯化镍（NiCl$_2$）在水中溶解，形成 Ni^{2+} 和 Cl$^-$。

(2) 加入氨水：缓慢加入过量氨水（NH$_3$·H$_2$O），氨与 Ni^{2+} 形成配位化合物。氨作为配体与 Ni^{2+} 配位，逐渐形成[Ni(NH$_3$)$_x$]$^{2+}$ 复合物。

(3) 控制反应条件：通过控制氨水的加入量、反应温度和反应时间，可以得到不同配位数（x）的配合物。

(4) 组合分析：测定 Ni(NH$_3$)$_x$Cl$_y$ 的组成通常使用以下几种方法：重量分析法、

配位滴定法、离子选择电极法、光谱分析法。

四、实验仪器与试剂

仪器：水浴锅、DDS-11A 型电导率仪、滴定管、滴定台、滴定架、循环抽滤泵。

试剂：HCl（6mol·L^{-1}）、浓 HNO$_3$、HNO$_3$（6mol·L^{-1}）、浓氨水、NH$_3$Cl（s）、NaOH（0.05mol·L^{-1}，2mol·L^{-1}）、镍片、AgNO$_3$（1mol·L^{-1}）、甲基红、紫脲酸胺、K$_2$CrO$_4$（5%）、EDTA（0.05mol·L^{-1}）乙醇、乙醚。

五、实验步骤

1. Ni(NH$_3$)$_x$Cl$_y$ 的制备

在镍片中分批加入 13mL 浓 HNO$_3$，水浴加热（在通风橱内进行），视反应情况再补加 3～5mL 浓 HNO$_3$。待镍片近于全部溶解后，用倾泻法将溶液转移至另一烧杯中，并在冰盐浴中冷却。慢慢加入 20mL 浓氨水至沉淀完全（此时溶液的绿色变得很淡，或近于无色）。减压过滤，并用 2mL 冷却过的浓氨水洗涤沉淀 3 次。

将所得的潮湿沉淀溶于 20mL 6mol·L^{-1} 的 HCl 溶液中，并用冰盐浴冷却，然后慢慢加入 60mL NH$_3$·H$_2$O-NH$_4$Cl 混合液（每 100mL 浓氨水中含 30g NH$_4$Cl）。减压过滤，依次用浓氨水、乙醇、乙醚洗涤沉淀，并置于空气中干燥，称量后保存待用。

2. 组成分析

（1）Ni^{2+} 的测定

准确称取 0.25～0.30g 产品两份，分别用 50mL 水溶解，加入 15mL NH$_3$·H$_2$O-NH$_4$Cl 缓冲溶液（pH=10），以紫脲酸胺作指示剂，用 0.05mol·L^{-1} EDTA 标准溶液滴定至溶液由黄色变为紫红色。

（2）NH$_3$ 的测定

准确称取 0.2～0.25g 产品两份，分别用 25mL 水溶解后加入 3.00mL 6mol·L^{-1} HCl 溶液，以甲基红作指示剂，用 0.5mol·L^{-1} NaOH 标准溶液滴定。取 3.00mL 上述所用的 6mol·L^{-1} HCl 溶液，以甲基红作指示剂，仍用 0.5mol·L^{-1} NaOH 标准溶液滴定，作为空白实验。

（3）Cl$^-$ 的测定

准确称取 0.25～0.30g 产品两份，分别用 25mL 水溶解后加入 3mL 6mol·L^{-1} HNO$_3$ 溶液，用 2mol·L^{-1} NaOH 溶液将溶液的 pH 调至 6～7。加入 1mL 5% K$_2$CrO$_4$ 溶液作指示剂，用 0.1mol·L^{-1} AgNO$_3$ 标准溶液滴定，刚好出现浅红色混浊即为滴定终点。

根据滴定数据，计算 Ni^{2+}、NH$_3$、Cl$^-$ 的含量。

（4）电离类型的确定

配制浓度为 0.001mol·L^{-1} 的产品溶液 250mL，用 DDS-11A 型电导率仪测溶液的电导率，并计算摩尔电导率。

根据以上分析结果，写出产品的化学式。

六、思考题与问题讨论

1. 本实验中氨的测定方法能否用于测定三氯化六氨合钴中的氨？
2. 还有哪些方法可以测定 Ni^{2+} 的含量？
3. 用配位滴定法（紫脲酸胺为指示剂）测定 Ni^{2+}，为什么要加入 pH＝10 的缓冲液？
4. 说明本实验中测定氨含量的原理。

第三章 有机化学实验

实验一 水蒸气的蒸馏

一、实验项目风险评估

1. 化学品危害

正丁醇：微溶于水，溶于乙醇、醚等多数有机溶剂，是易燃危化品，刺激呼吸系统和皮肤，不慎与眼睛接触后，立即用大量清水冲洗并征求医生意见，戴适当的手套和护目镜或防护面具。

2. 操作风险

水蒸气蒸馏操作：水蒸气以高温蒸气形式存在，操作人员需注意避免直接接触，以免造成烫伤。

热源释放的热量可能对周围环境产生影响，操作人员需注意安全距离，避免灼伤或其他危险。

使用高温热源操作：操作人员需戴上适当的防护装备，如耐热手套，以防止烫伤或灼伤。

实验仪器操作：操作人员需熟悉蒸馏器、冷凝器等实验仪器的使用方法，避免操作不当导致器材破损或意外发生。

废弃物处理操作：实验结束后需妥善处理废弃物（如废水、废液等），要求遵守正确的废物处理方法，以避免对环境和人体健康造成危害。

二、实验目的

1. 掌握水蒸气蒸馏的原理和应用。
2. 熟悉水蒸气蒸馏装置搭建。
3. 熟练掌握水蒸气蒸馏操作。

三、实验原理

当水和不（或难）溶于水的化合物一起存在时，根据道尔顿分压定律，整个体系的蒸气压力应为各组分蒸气压力之和，即：$p = p_水 + p_A$ [p_A 为不（或难）溶于水的化合物的蒸气压] 当 p 与外界大气压相等时，混合物沸腾，这时的温度即为它们的沸点，所以混合物的沸点将比任何一组分的沸点都要低一些。在低于100℃的温度下，化合物随水蒸气一起蒸馏出来，这样的操作叫水蒸气蒸馏，该法适用于提取具有挥发性、能随水蒸气蒸馏而不被破坏、在水中稳定且难溶或不溶于水的植物活性成分。

水蒸气蒸馏有两种方式：一种是将水蒸气发生器产生的水蒸气通入盛有被蒸馏物质的烧瓶中，使被蒸物与水一起蒸出；另一种方法是将水加入到装有被馏蒸物质的烧瓶中，与普通蒸馏方法相同，直接加热烧瓶，进行蒸馏，这是一种简化了的水蒸气蒸馏方法，称为直接水蒸气蒸馏法；当蒸馏时间较短，不需耗用大量水蒸气时，可采用这种方法。

本实验采用直接水蒸气蒸馏方法，装置如图1所示。

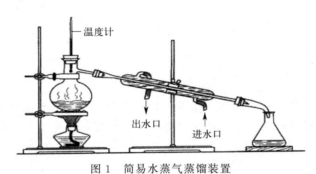

图 1　简易水蒸气蒸馏装置

四、实验仪器与试剂

仪器：100mL 蒸馏烧瓶、蒸馏头、温度计、直形冷凝管、尾接管、接收瓶、量筒等。

试剂：正丁醇。

五、实验步骤

1. 取 10mL 正丁醇放入 100mL 蒸馏烧瓶中，再加入 30mL 水，2～3 粒沸石，按照图1所示装置图安装好实验装置。注意安装顺序：由下而上，从左至右。注意温度计位置（温度计水银球位于蒸馏头支口中部）。

2. 通入循环冷却水，注意循环水接入必须遵循下进上出的原则。

3. 加热，注意观察蒸馏烧瓶中蒸汽的上升情况及温度计读数的变化。控制蒸馏馏出液速度在每秒 2～3 滴。

4. 当馏出液澄清透明不再有油状物时，即可停止蒸馏。注意切不可蒸干。

5. 停止加热，待体系稍冷后关闭循环水，拆除实验装置，注意拆除顺序与安装顺序相反。

6. 收集并称量产物，记录产量，计算得率。

六、数据记录与处理

记录实验原材料用量、产物（或初产物）产量，列式计算得率。

七、思考题与问题讨论

1. 可采用水蒸气蒸馏来提纯的物质应满足哪些条件？
2. 简述水蒸气蒸馏实验操作中的注意事项。

实验二　正溴丁烷的制备

一、实验项目风险评估

1. 化学品危害

正溴丁烷：不溶于水，能溶于醇、醚、苯、四氯化碳等有机溶剂。具有脂肪族溴化物的通性，化学性质活泼，能与多种化合物反应。在热的强碱的水溶液中水解生成醇和盐。与氨水反应生成溴化丁胺，与氰化钠反应生成正戊腈和氰化钠。易燃，遇明火、高热易引起燃烧，并放出有毒气体。受高热分解、燃烧产生有毒的一氧化碳及溴化物气体。应贮存于密闭容器，存放于阴凉处；可用泡沫灭火剂、干粉灭火剂、二氧化碳灭火剂、雾状水、砂土灭火。戴化学安全防护眼镜，穿防静电工作服，戴橡胶耐油手套。避免与氧化剂、碱类、活性金属粉末接触。搬运时要轻装轻卸。在正溴丁烷的制备过程中可能产生副产物液溴和溴化正丁烷等危险化学品，这些化学品具有毒性和腐蚀性。

2. 操作风险

管制试剂操作：严格遵守化学品的安全操作规范，避免直接接触、吸入或误食。

正溴丁烷的制备操作：可能涉及卤代烷的取代反应，操作人员需要熟悉有机合成实验操作技术，严格控制反应条件，避免产生危险物质或副产物。

仪器操作：在进行正溴丁烷的制备实验过程中，可能需要使用多种实验器材，防止操作失误导致仪器损坏或数据不准确。

废弃物处理操作：实验过程中会产生废弃物（如有机溶剂、废液等），需要妥善处理处置，以避免对环境和人体健康造成危害。

二、实验目的

1. 了解以溴化钠-浓硫酸法通过醇制备卤代烷的原理与方法。

2. 练习带有吸收有害气体装置的回流加热操作。

三、实验原理

本实验中正-溴丁烷是由丁醇与溴化钠、浓硫酸共热而制得：

$$NaBr + H_2SO_4 \longrightarrow HBr + NaHSO_4$$

主反应：$n\text{-}C_4H_9OH + HBr \xrightarrow{\text{浓 } H_2SO_4} n\text{-}C_4H_9Br + H_2O$

本实验中使用过量的氢溴酸在大量硫酸存在下与正丁醇加热回流，来促进平衡的移动，使醇与氢溴酸的反应趋于完全。

可能的副反应：

$$CH_3CH_2CH_2CH_2OH \xrightarrow{H_2SO_4} CH_2CH_2CH=CH_2 + H_2O$$

$$2CH_3CH_2CH_2CH_2OH \xrightarrow{H_2SO_4} (CH_3CH_2CH_2CH_2)_2O + H_2O$$

$$2HBr + H_2SO_4 \xrightarrow{\triangle} Br_2 + SO_2 + 2H_2O$$

本实验包括回流、蒸馏、分液漏斗的使用等基本操作。回流反应装置见图1。

四、实验仪器与试剂

仪器：圆底烧瓶、球形冷凝管、直形冷凝管、分液漏斗、三角烧杯。

试剂：正丁醇、无水溴化钠、浓硫酸、无水氯化钙、5%氢氧化钠。

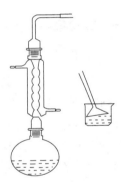

图1 回流反应装置

五、实验步骤

1. 制备

安装带有吸收有害气体的回流加热装置，在150mL圆底烧瓶中加入18mL水，再慢慢加入18mL(0.331moL)浓硫酸，混合均匀并冷至室温后，再依次加入13mL（约10.53g，0.142moL）正丁醇和研细的17g（0.165moL）溴化钠，充分振荡后加入几粒沸石。用5%氢氧化钠溶液作为气体吸收剂（注意：漏斗口勿完全浸入水中，以免倒吸）。加热至沸，保持平稳回流，并时加摇动烧瓶促使反应完成。反应约30～40min。待反应液冷却后，改回流装置为蒸馏装置，再补加几粒沸石，加热，蒸出粗产物。

2. 提纯

将馏出液移至分液漏斗中，加入等体积的水洗涤，静置分层后，将产物转入另一干燥的分液漏斗中，用等体积的浓硫酸洗涤，尽量分去硫酸层。有机相依次用等体积的水、饱和碳酸氢钠溶液和水洗涤至呈中性后，转入干燥的锥形瓶中，加入1～2g的无水氯化钙干燥，间歇摇动锥形瓶，直到液体清亮为止。

3. 精馏

将干燥好的产物移至蒸馏瓶中（切勿将氯化钙倒入蒸馏瓶中），投入几粒沸石，加热蒸馏，收集99～103℃的馏分。

4. 称量产物体积或质量，计算产率

六、数据记录与处理

记录实验原材料用量、产物（或初产物）体积，列式计算理论产量和制备得率。

七、思考题与问题讨论

1. 反应后的粗产物中含有哪些杂质？各步洗涤的目的是什么？
2. 为什么要安装气体吸收装置？主要吸收什么气体？
3. 分液时，如何判断产物在上层还是在下层？
4. 为什么蒸馏前一定要把无水氯化钙干燥剂过滤掉？

实验三　正丁醚的制备

一、实验项目风险评估

1. 化学品危害

正丁醚：微溶于水，溶于丙酮、二氯丙烷、汽油，可混溶于乙醇、乙醚，主要用作溶剂、电子级清洗剂，也可用于有机合成。属易燃危化品，刺激眼睛、呼吸系统和皮肤。正丁醚是一种有机溶剂，具有易燃性和挥发性，操作时需要在通风良好的实验室环境中进行，避免有机溶剂的蒸气造成呼吸道危害和火灾危险。正丁醚是易燃液体，操作过程中需要避免火源和其他高温热源，确保实验室内没有明火并放置防火设施。

2. 操作风险

正丁醚的制备操作：涉及使用氢氧化钠、甲醇、正丁醇等，这些化学品具有毒性和腐蚀性。操作者需要注意化学品的安全操作规范，避免皮肤接触、误吸或误食。制备正丁醚可能涉及醚化反应，操作人员需要熟悉有机合成实验操作技术，严格控制反应条件，避免产生危险物质或副产物。

仪器操作：在进行正丁醚的制备实验过程中，可能需要使用多种实验器材，操作人员需熟悉仪器的操作方法，防止操作失误导致仪器损坏或数据不准确。

废弃物处理操作：实验过程中会产生废弃物（如有机溶剂、废液等），需要妥善处理和处置,以避免对环境和人体健康造成危害。

二、实验目的

1. 掌握醇分子间脱水制备醚的反应原理和实验方法。
2. 学习使用分水器。

三、实验原理

醇分子间脱水生成醚,是制备简单醚的常用方法。用硫酸作为催化剂。

主反应: $2C_4H_9OH \longrightarrow C_4H_9\text{-}O\text{-}C_4H_9 + H_2O$

副反应: $CH_3CH_2CH_2CH_2OH \longrightarrow C_2H_5CH=CH_2 + H_2O$

四、实验仪器与试剂

仪器:250mL 三口烧瓶、球形冷凝管、分水器、温度计、电热套、分液漏斗、150mL 蒸馏烧瓶等。

试剂:正丁醇、浓硫酸、无水氯化钙、5%氢氧化钠、饱和氯化钙溶液。

正丁醚反应装置见图 1。

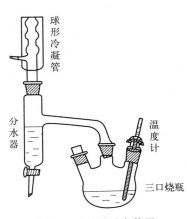

图 1 正丁醚反应装置

五、实验步骤

1. 在 250mL 三口烧瓶中,加入 31mL 正丁醇、4mL 浓硫酸(分 4 批加入,每批加入后振摇 10 分钟)和几粒沸石,摇匀后,如图 1 装好反应装置,先在分水器内放置 (V−3.5)mL 水,另一口用塞子塞紧。

2. 将三口烧瓶放在电热套中小火加热至微沸,进行分水操作。反应中产生的水经冷凝后收集在分水器的下层,上层有机相积至分水器支管时,即可返回烧瓶。

3. 大约经 1.5h 后,三口烧瓶中反应液温度可达 134~136℃。当分水器全部被水充满时停止反应。若继续加热,则反应液变黑并有较多副产物烯烃生成。

4. 将反应液冷却到室温后倒入盛有 50mL 水的分液漏斗中,充分振摇,静置后弃去下层液体。

5. 上层粗产物依次用 20mL 水、10mL 5%氢氧化钠溶液、20mL 水和 20mL 饱和氯化钙溶液洗涤,用 1g 无水氯化钙干燥。

6. 干燥后的产物滤入蒸馏瓶中蒸馏,收集 140~144℃馏分,计算产率。

六、数据记录与处理

记录实验原材料用量、产物(或初产物)体积,列式计算理论产量和制备得率。

七、思考题与问题讨论

1. 试根据实验中正丁醇的用量计算理论上生成的水的体积。
2. 初产物中有哪些杂物？各步洗涤的目的是什么？

实验四　乙酸乙酯的制备与红外光谱表征

一、实验项目风险评估

1. 化学品危害

乙酸乙酯微溶于水，溶于乙醇、丙酮、乙醚、氯仿、苯等多数有机溶剂。乙酸乙酯能发生醇解、氨解、酯交换、还原等一般酯的共同反应。应与氧化剂、酸类、碱类分开存放，切忌混储。采用防爆型照明、通风设施。乙酸乙酯是易燃溶剂，在操作过程中需要确保实验室中没有明火或其他热源，并在操作台面上放置防火设施。

2. 操作风险

乙酸乙酯的制备操作：涉及使用乙醇和乙酸，在操作过程中，避免接触到皮肤和呼吸道，应佩戴合适的个人防护装备。乙酸乙酯的制备涉及酯化反应，操作人员需要熟悉有机合成实验操作技术，严格控制反应条件，避免产生危险物质或副产物。

仪器操作：在进行红外光谱表征实验时，操作人员需要熟悉红外光谱仪的操作方法，避免操作失误导致仪器损坏或数据不准确。

二、实验目的

1. 通过乙酸乙酯的制备加深对酯化反应的理解。
2. 掌握可逆反应提高产率的措施。
3. 掌握回流、洗涤、分离和干燥的操作方法。
4. 学习红外光谱对乙酸乙酯结构进行表征的方法。

三、实验原理

在少量酸（H_2SO_4 或 HCl）催化下，羧酸和醇反应生成酯，这个反应叫做酯化反应。（该反应通过加成-消去过程，质子活化的羰基被亲核的醇进攻发生加成，在酸作用下脱水成酯）。本实验采用乙酸和乙醇直接酯化法合成乙酸乙酯，使用浓硫酸作催化剂，其用量是醇的3%即可。其反应为：

主反应：　　　$CH_3COOH + CH_3CH_2OH \xrightleftharpoons{H_2SO_4} CH_3COOCH_2CH_3 + H_2O$

副反应：　　　$2CH_3CH_2OH \xrightleftharpoons{H_2SO_4} CH_3CH_2OCH_2CH_3 + H_2O$

$$CH_3CH_2OH \xrightarrow{H_2SO_4} CH_2=CH_2 + H_2O$$

酯化反应为可逆反应，为了推动反应向正反应方向进行，一般加入过量的反应原料（根据原料的价格、安全性等，实验室通常加入过量的乙醇），也可以加入与水恒沸的物质不断从反应体系中带出水移动平衡（即减小产物的浓度）。本实验中略增加浓硫酸的量，以吸收反应体系中的水，进一步促使反应向正方向移动。

四、实验仪器与试剂

仪器：三口烧瓶、温度计、回流冷凝管、蒸馏头、直形冷凝管、接引管和锥形瓶。

试剂：冰乙酸、无水乙醇、浓硫酸、饱和碳酸钠溶液、饱和食盐水、饱和氯化钙溶液、无水碳酸钾。

本实验实际采用图1所示反应装置。

五、实验步骤

1. 回流反应。在100mL三口烧瓶的中口安装上一回流冷凝管，一侧口放入一个温度计，另一侧口塞上

图1　回流反应装置实物图

玻璃塞。在150mL小锥形瓶中放入23mL乙醇，一边摇动，一边慢慢加入3mL浓硫酸，并将此溶液倒入三口烧瓶中。然后用量筒量取14mL冰乙酸，分次慢慢加入到三口烧瓶中，加2~3粒沸石，打开循环水，在电热套上小火加热，回流0.5h。

2. 蒸馏出初产物。将装置改成普通蒸馏装置，补加2粒沸石，加热蒸馏至无馏出液为止（注意不能蒸干）。

3. 洗涤纯化。

(1) 用饱和碳酸钠溶液洗涤。具体步骤为：将馏出液倒入分液漏斗中，加入10mL饱和碳酸钠溶液振荡洗涤，静置分层，放出下面的水层。用石蕊试纸检查酯层，如果酯层显酸性，再用饱和碳酸钠溶液洗涤，直到酯层不显酸性为止。

(2) 用等体积的饱和食盐水洗涤。放出下层液体。

(3) 用等体积的饱和氯化钙溶液洗涤。放出下层液体。

(4) 干燥。从分液漏斗上口将乙酸乙酯倒入干燥的小锥形瓶内，加入无水碳酸钾干燥。放置约1h，在此期间要间歇振荡锥形瓶。

4. 精馏。把干燥的粗乙酸乙酯滤入50mL圆底烧瓶中，装配蒸馏装置，在水浴上加热蒸馏，收集73~78℃的馏分。

5. 收集并称量产物体积（或质量），计算得率。
6. 测定产物的红外光谱图，对比标准图谱，进行解析，鉴定产物的结构。

六、数据记录与处理

记录实验原材料用量、产物（或初产物）体积，列式计算理论产量和得率。

七、思考题与问题讨论

1. 酯化反应有什么特点？本实验如何创造条件使酯化反应尽量向生成物方向进行？
2. 本实验中用饱和食盐水洗涤，是否可用水代替？
3. 蒸出的粗乙酸乙酯中主要含有哪些杂质？如何除去？

实验五　乙酰苯胺的制备与纯化

一、实验项目风险评估

1. 化学品危害

冰乙酸：在低温时凝固成冰状，俗称冰醋酸。凝固时体积膨胀，可能导致容器破裂。闪点39℃，爆炸极限4.0%～16.0%，空气中最大允许浓度不超过$25mg/m^3$。

乙酰苯胺：具有低毒性，吸入对上呼吸道有刺激性。必要时戴化学安全防护眼镜，戴防化学品手套。远离火种、热源，使用防爆型的通风系统和设备。

苯胺：3类致癌物，储存于阴凉、通风的库房。远离火种、热源。避光保存。包装要求密封，不可与空气接触。应与氧化剂、酸类、食用化学品分开存放，切忌混储。

2. 操作风险

乙酰苯胺的制备操作：操作人员需要穿戴合适的个人防护装备，如实验手套、护目镜等，避免接触到皮肤和呼吸道。在合成乙酰苯胺的过程中，可能涉及高温、溶剂等因素，需要小心操作以避免火灾或爆炸发生。乙酰苯胺的合成中操作人员需要熟悉有机合成实验的操作技术，并严格控制反应条件，避免产生危险物质或副产物。乙酰苯胺是一种挥发性有机物，操作时需要在通风良好的实验室环境中进行，避免有机物挥发导致呼吸道危害。

废弃物处理操作：在实验过程中会产生废弃物，需要妥善处理。

二、实验目的

1. 掌握苯胺乙酰化反应的原理和实验操作。
2. 熟悉分馏的实际应用。
3. 进一步熟悉固体有机物提纯的方法——重结晶。

三、实验原理

本实验用冰乙酸作为乙酰化试剂进行芳胺的酰化反应。该反应为可逆反应，在实际操作中，加入过量的冰乙酸，同时蒸出生成的水（含少量的乙酸），以提高乙酰苯胺的产率。

反应方程式为：

$$\text{C}_6\text{H}_5-\text{NH}_2 + \text{CH}_3\text{COOH} \xrightarrow{\triangle} \text{C}_6\text{H}_5-\text{NH}-\overset{\text{O}}{\underset{}{\text{C}}}-\text{CH}_3 + \text{H}_2\text{O}$$

本实验包括重结晶、回流、分馏、抽滤等基本操作。

四、实验仪器与试剂

仪器：圆底烧瓶、分馏柱、温度计（150℃）、抽滤瓶、布氏漏斗、量筒、接引管、烧杯、表面皿等。

试剂：冰乙酸、苯胺（新蒸馏）、锌粉、活性炭。

本实验涉及的主要装置如图 1 所示。

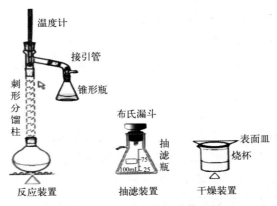

图 1 乙酰苯胺制备实验装置图

五、实验步骤

1. 制备

在 50mL 圆底烧瓶中，加入 5mL 新蒸馏的苯胺、7.5mL 冰乙酸（HAc）及少许 Zn

粉（约0.1g）。装上一支分馏柱，柱顶接分馏头，分馏头上端放一支温度计（150℃），支管接上接引管，用一量筒接收蒸馏出的水。小火加热，使反应物微沸15min，再逐渐升高温度，维持柱顶温度在105℃左右约50min，当温度下降或上下波动或瓶内出现白雾时反应基本完成，停止加热。

在不断搅拌下，将反应物趁热以细流状慢慢倒入盛有100mL冷水的烧杯中，快速剧烈搅拌，使粗乙酰苯胺呈细粒状完全析出。减压过滤，用5～10mL冷水洗涤，以除去残留的酸液，减压抽滤，得乙酰苯胺粗品。

2. 提纯

将乙酰苯胺粗品转入盛有100mL热水的烧杯中，加热至沸，使之溶解，如仍有未溶解的油珠，可补加热水，至油珠全溶。稍冷后，加入约1g活性炭，在加热下搅拌几分钟，趁热用预热的布氏漏斗过滤。冷却滤液，析出乙酰苯胺白色结晶，抽滤。

3. 将抽滤后的产品放入干净的表面皿里晾干或烘干（低于100℃），得干燥的乙酰苯胺纯品。称量，计算产率。

六、数据记录与处理

记录实验原材料用量、实际产物（包括初产物）质量，列式计算理论产量和得率。

七、思考题与问题讨论

1. 为什么在合成乙酰苯胺的步骤中，反应温度需控制在105℃？
2. 重结晶提纯的原理是什么？
3. 在本实验中，采取什么措施可以提高乙酰苯胺的产量？
4. 在重结晶中为什么要加入活性炭？为什么要稍冷时才能加入？

实验六　离子液体的合成与性质测试

一、实验项目风险评估

1. 化学品危害

N-甲基咪唑（又称1-甲基咪唑）：有吸湿性、腐蚀性，对皮肤和黏膜有刺激作用，应避免直接接触，使用时戴好防护手套和眼镜，在通风良好的实验室条件下操作，避免吸入其蒸气，储存在干燥、阴凉处，远离火源和氧化剂。

溴代正丁烷：其蒸气与空气混合，能形成爆炸性混合物。易燃，遇明火、高热易引起燃烧，并放出有毒气体。受高热分解产生有毒的溴化物气体。建议操作人员佩戴过滤式防毒面具（半面罩），戴化学安全防护眼镜，穿防静电工作服，戴橡胶耐油手套。远离火种、热源，工作场所严禁吸烟。使用防爆型的通风系统和设备。防止蒸气泄漏到工作场所空气中。避免与氧化剂、碱类、活性金属粉末接触。搬运时要轻装轻卸，防止包装及容器损坏。

2. 操作风险

合成离子液体操作：操作人员需要穿戴合适的防护装备，如实验手套、护目镜等，避免接触到皮肤和呼吸道。由于离子液体通常具有较低的挥发性和较高的燃点，因此在操作过程中需要注意避免火源接触，以防止火灾或爆炸发生。操作人员需要注意控制反应条件并确保安全操作。在实验中严格控制离子液体的使用和处置，避免对实验人员或环境造成危害。

废弃物处理操作：离子液体合成实验可能会产生有毒或有害的废弃物，需要妥善处理。

仪器操作：在进行高温、高压和化学反应实验时，实验设备可能存在破损的风险，需要小心操作，并在设备损坏或安全隐患出现时立即停止实验并进行检查。

二、实验目的

1. 了解离子液体的概念和性质。
2. 熟练掌握离子液体的应用。
3. 学会使用超声辅助法合成有机物。

三、实验原理

1. 离子液体的特性

离子液体又称室温熔融盐，在室温或室温附近温度下呈现液态。离子液体有着不同的分类方法，按阳离子来分可分为烷基季铵离子、烷基季膦离子、烷基咪唑类、烷基吡啶类；按阴离子来分可分为金属类和非金属类；按 Lewis 酸性可分为可调酸碱性的离子液体、中性的离子液体。

离子液体之所以成为液体是因为改变了阴阳离子的大小使其极不对称。离子液体凭借着其结构中阴阳离子的特殊排列而具有一系列的良好特性。例如离子液体的熔点低、具有其他许多化合物所没有的可调的 Lewis 酸度的特性，并且离子液体的导电性能优良，可以在较广阔的温度范围内使用，这些优良的特性使它广泛地应用在社会的各行各业。除此之外，离子液体的一个显著特征就是：人们可以根据实际需求改变其阴阳离子的取代基，从而改变离子液体的相关性质。如[Bmim]BF_4（四氟硼酸 1-丁基-3-甲基咪唑）可与水混溶，而含有阴离子 PF_6^- 的[Bmim]PF_6（六氟磷酸 1-丁基-3-甲基咪唑）则不能与水混溶。

离子液体具有热稳定性好、无可测蒸气压、可循环使用、无环境污染等一系列优良特点，在环境友好的催化反应中显示出广阔的应用前景。与传统的有机溶剂相比，离子液体具有一系列突出的优点，其有关性质如下：

(1) 几乎无蒸气压、不挥发、不燃、不爆炸，因此可彻底消除因挥发而产生的环境污染问题。

(2) 熔点低，呈液态的温度范围广，化学和热稳定性较好，通常在高达300℃时不分解，且离子液体的结构对称性越低，分子间的作用力越弱，阳离子或阴离子电荷分布越均匀，离子液体的熔点就越低，另外阴离子尺寸越大，离子液体的熔点越低。

(3) 溶解性很好，能溶解许多有机物如金属有机化合物和高分子材料等，也可以延长许多不稳定物种如 $[RuCl_6]^-$、$[ZrCl_6]^{2-}$ 及 $[HfCl_6]^{2-}$ 等的寿命。离子液体的溶解性与其阳离子和阴离子的特性密切相关。阳离子对离子液体溶解性能的影响可由正辛烯在含相同甲苯磺酸根阴离子季铵盐离子液体中的溶解性看出，随着离子液体的季铵盐离子侧链变大，即非极性特性增加，正辛烯的溶解性随之变大。

(4) 通常由弱配位的离子组成，配位能力主要由阴离子的性质所决定，具有高极性潜力而非配位能力，因此可溶解过渡金属配合物，而不与之发生配合作用。

(5) 含 Lewis 酸（如 $AlCl_3$）的离子液体，在一定的条件下表现出强酸甚至超强酸的酸性，因而此类离子液体在作为反应介质的同时还往往起催化剂的作用。

(6) 黏度大，在常温下，离子液体的黏度是水和一般有机溶剂的几十倍甚至几百倍。因此，它是优良的色谱固定相和修饰电极固定剂。离子液体的黏度主要取决于离子间较强的静电力、范德华力和氢键等相互作用。

(7) 导电性好，电位窗宽。离子液体的室温电导率一般在 $10^{-3}S·cm^{-1}$ 左右，可用作许多物质的电解液。同时，离子液体拥有在较宽的电位范围均不会发生电化学反应的特性，其一般的电位稳定范围为4V左右，这是普通溶剂所无法比拟的。

(8) 后处理简单，可循环使用。

(9) 制备简单，价格相对便宜。

正因为离子液体具有以上多种独特的性质，它在化学合成、新材料研究、精细化学加工、表面加工、微电子器件开发等领域得到应用，并显示出了良好的效果及应用前景。

2．超声化学在合成中的应用

超声化学利用超声空化效应形成局部热点诱发化学反应。超声化学在物质合成、催化反应、水处理、废物降解、纳米材料等方面已有重要应用。由于超声的机械空化作用可以增加分子间的相互作用，提高反应效率，以超声辅助合成离子液体有利于缩短反应时间。

3．咪唑型离子液体的合成

本实验采用 N-甲基咪唑与溴代正丁烷在超声辅助下合成咪唑型离子液体溴化1-丁

基-3-甲基咪唑[Bmim]Br。

反应方程式：

$$\text{N}\diagdown\text{N}-\text{CH}_3 + \diagup\diagdown\diagup\text{Br} \longrightarrow \text{H}_3\text{C}-\overset{+}{\text{N}}\diagdown\text{N}-\diagup\diagdown\diagup \quad \text{Br}^-$$

四、实验仪器与试剂

仪器：DF-10S 集热式恒温加热磁力搅拌器、RE-52 旋转蒸发器、SHB-Ⅲ 循环水式多用真空泵、PHS-3D pH 计、FTIR-8400S 红外光谱仪、ZHWY-200 恒温培养振荡器、KQ-0500B 型超声波清洗器、DZF-6050 型真空干燥箱、DHG-9023A 型电热恒温鼓风干燥箱。

试剂：高纯氮、N-甲基咪唑、溴代正丁烷、乙酸乙酯、乙腈、石油醚、丙酮、甲苯、乙醇。

五、实验步骤

1. 超声辅助法合成咪唑型离子液体

在 500mL 锥形瓶中加入 0.1mol（8.21g）N-甲基咪唑，将锥形瓶置于超声波清洗器（其振荡频率为 40kHz）中，缓慢滴加溴代正丁烷 0.11mol（15.07g），加料过程约 10min。采用间歇操作模式，即反应 0.5h 停歇 10min，将其放入恒温培养振荡器上。依此循环，使水温保持在 40℃，工作时间达到 2.5 小时。离子液体的结构和特性反应结束后，冷却至室温，得到离子液体 [Bmim]Br 粗产物。

2. 咪唑型离子液体的纯化

将 [Bmim]Br 粗产物装入分液漏斗中，每次用适量乙酸乙酯洗涤，洗涤 3 次。在旋转蒸发仪中减压蒸馏除去多余的乙酸乙酯。设置蒸发温度与上述相同，真空干燥至恒重，得到纯化后的离子液体 [Bmim]Br。

3. 称量产品质量，计算收率

4. 离子液体表征与性质测试

(1) 离子液体红外光谱表征

采用 KBr 涂膜法，在红外光谱仪上测定离子液体的结构，[Bmim]Br 红外光谱示例见图 1。

(2) 离子液体的性质测试

① 离子液体的溶解性比较。取少量离子液体 [Bmim]Br 于小试管中，加入不同的溶剂和不同物质，观察现象。列表记录溶解性能比较结果。

② 测定 [Bmim]Br 的酸碱性并记录其 pH 值。

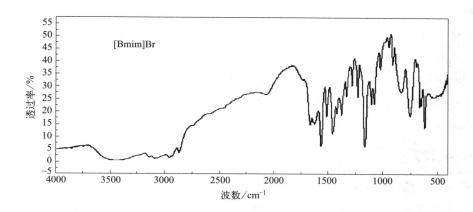

图 1 ［Bmim］Br 红外光谱图

六、数据记录与处理

记录实验原材料用量、产物（或初产物）体积，列式计算理论产量和得率。列表记录［Bmim］Br 的溶解性能比较结果。记录［Bmim］Br 的 pH 值。

七、思考题与问题讨论

1. 概括介绍离子液体的应用价值。
2. 简述超声辅助合成的原理。
3. 超声辅助合成过程中为何采用间歇操作模式？

实验七　固体酒精的制备

一、实验项目风险评估

1. 化学品危害

硬脂酸：不溶于水，稍溶于冷乙醇，加热时较易溶解。微溶于丙酮、苯，易溶于乙醚，无毒。

氢氧化钠：具有强碱性，腐蚀性极强，粉尘或烟雾刺激眼和呼吸道，皮肤和眼直接接触可引起灼伤；误服可造成消化道灼伤，黏膜糜烂、出血、休克。操作时佩戴防护口罩、戴化学安全防护眼镜、穿工作服、戴橡胶手套。

2. 操作风险

固体酒精制备操作：固体酒精是易燃物质，制备过程中需要避免火源接触，防止引发火灾或爆炸。其次，在加热过程中，需要注意控制温度，避免温度过高导致物质挥发。同时在制备固体酒精的过程中，物质可能溅洒到周围环境或实验者身上，需注意操作细节，避免意外发生。本实验需要严格按照安全操作规程进行操作，以最大程度保障实验者的安全。

二、实验目的

1. 理解固体酒精制备原理。
2. 掌握固体酒精制备的相关操作技能。
3. 探究固体酒精制备的最佳实验条件。

三、实验原理

固体酒精是一种新型的固体燃料，具有安全、经济、方便、美观等特点，被广泛应用于餐饮业、旅游业和野外作业等。固体酒精制备就是把酒精从液体变成固体，本质是一个物理变化过程。其原理为：用一种可凝固的物质来承载酒精，使酒精包容其中具有一定的形状和硬度，成为固体酒精。

近几年来，出现了多种制备固体酒精的方法，主要区别是所选固化剂不同，主要有醋酸钙、硝化纤维、高级脂肪酸等。固化工艺条件分为一步法和两步法：一步法是将各种添加剂投入到一份酒精溶液中进行溶解的冷却固化，两步法则是将不同的添加剂分别投入到两份酒精溶液中，充分溶解后，再进行混合固化。本实验采用酒精、硬脂酸、氢氧化钠、酚酞、硫酸铜等原料，制备彩色固体酒精。硬脂酸与氢氧化钠混合后将发生如下反应：

$$C_{17}H_{35}COOH + NaOH =\!=\!= C_{17}H_{35}COONa + H_2O$$

反应生成的硬脂酸钠是一个长碳链的极性分子，室温下在酒精中不易溶，在较高的温度下，硬脂酸钠可以均匀地分散在液体酒精中，而冷却后则形成凝胶体系，使酒精分子被束缚于相互连接的大分子之间，呈不流动状态而使酒精凝固，形成了固体状态的酒精。

四、实验仪器与试剂

仪器：D40-2F 型电动搅拌器、DKW-Ⅲ型电子节能控温仪、水浴锅、圆底烧瓶、回流冷凝管、烧杯、模具等。

试剂：95%酒精、硬脂酸、氢氧化钠、酚酞、硫酸铜等。

五、实验步骤

1. 向装有回流冷凝管的 250mL 圆底烧瓶中加入 9.0g 硬脂酸、50mL 酒精和数粒沸石,摇匀,在水浴上加热至60~70℃,并保温至固体溶解为止。

2. 将3.0g氢氧化钠和23.5g水加入250mL烧杯中,搅拌溶解后再加入25mL酒精,搅匀。

3. 将液体从冷凝管上端加进含有硬脂酸和酒精的圆底烧瓶中,在水浴上加热回流15min,使反应完全。

4. 移去水浴,待物料稍冷而停止回流时,趁热倒进模具,冷却后密封即得到成品。

六、数据记录与处理

记录实验原材料用量、初产物质量,列式计算得率。观察产品外观性状、硬度、固化均匀性等。

七、思考题与问题讨论

1. 总结固体酒精制作的操作要点。
2. 对自己的产品进行评价,分析影响固体酒精质量的主要因素。

实验八　环己烯的制备

一、实验项目风险评估

1. 化学品危害

环己醇:属于易燃危化品,遇明火、高热可燃,与氧化剂可发生反应,若遇高热,容器内压增大,有开裂和爆炸的危险;微溶于水,呈无色透明油状液体或白色针状结晶。有似樟脑气味,有吸湿性。能与乙醇、乙酸乙酯、二硫化碳、松节油、亚麻子油和芳香烃类混溶,低毒,有刺激性。

硫酸:易制毒管制试剂,按照管制试剂使用要求进行。

氯化钙:粉尘会灼烧、刺激鼻腔、口、喉,还可引起鼻出血和破坏鼻组织;干粉会刺激皮肤,溶液会严重刺激甚至灼伤皮肤。

环己烯:长期储存时可生成具有潜在爆炸危险性的过氧化物;极度易燃,具刺激性;该品有麻醉作用,吸入后引起恶心、呕吐、头痛和神志丧失。对眼和皮肤有刺激性。

2. 操作风险

环己烯制备操作:环己烯易燃,其蒸气与空气可形成爆炸性混合物,遇明火、高热极易燃烧、爆炸;与氧化剂能发生剧烈反应,引起燃烧或爆炸。

二、实验目的

1. 掌握醇脱水制备烯烃的方法。
2. 巩固刺形分馏柱的使用。

三、实验原理

$$\text{环己醇} \xrightarrow[\Delta]{H_2SO_4} \text{环己烯} + H_2O$$

四、实验仪器与试剂

仪器：圆底烧瓶、刺形分馏柱、直形冷凝管、接引管、沸石、石棉网、分液漏斗、锥形瓶。

试剂：环己醇、浓硫酸、食盐、无水氯化钙、5％碳酸钠溶液。

五、实验步骤

在 50mL 干燥的圆底烧瓶中加入 7.5g 环己醇、0.5mL 浓硫酸及几粒沸石，充分振摇使之混合均匀。烧瓶上装一刺形分馏柱作分馏装置，接上直形冷凝管，用 25mL 圆底烧瓶作接收器，将烧瓶在石棉网上用小火慢慢加热，控制加热速度，缓慢地蒸出生成的环己烯及水，并使分馏柱上端的温度不要超过 90℃。当烧瓶中只剩下很少量的残渣并出现阵阵白雾时，即可停止蒸馏。全部蒸馏时间约需 0.5～1h。

将蒸馏液用食盐饱和，然后加入约 2mL 的 5％碳酸钠溶液中和微量的酸。将此液体倒入 50mL 分液漏斗中，振荡后静置分层。将下层水溶液自漏斗下端活塞放出；上层的粗产物自漏斗的上口倒入干燥的小锥形瓶中，加入 1g 无水氯化钙干燥，用塞子塞好，放置至溶液澄清后，滤入干燥的 25mL 蒸馏瓶中，加入沸石后用水浴加热蒸馏。收集 80～85℃ 的馏分于一已称重的干燥小锥形瓶中。若蒸出产物混浊，必须重新干燥后再蒸馏。产量为 3～4g。

纯环己烯的沸点为 82.98℃，折射率 n_D^{20} 为 1.4465。

本实验约需 4～5h。

六、思考题与问题讨论

1. 在纯化粗制环己烯中，加入食盐使水层饱和的目的是什么？
2. 在蒸馏终止前，出现的阵阵白雾是什么？
3. 写出环己烯与溴水、碱性高锰酸钾溶液作用的反应方程式。
4. 下列醇用浓硫酸进行脱水反应时，主要产物分别是什么？
①3 甲基-1-丁醇；②3-甲基-2-丁醇；③3,3-二甲基 2-丁醇。

实验九　己二酸的制备

一、实验项目风险评估

1. 化学品危害

高锰酸钾：属于管制试剂（易制毒、易制爆），强氧化剂，紫红色晶体，可溶于水，遇乙醇即被还原。避免与有机物或易氧化物接触，以免发生爆炸。储存于阴凉、通风的地方，远离火源和热源。使用时穿戴防护服和手套，避免皮肤接触和吸入。残余物和容器必须作为危险废物处理。用于有机合成、消毒、氧化等。与乙醚、硫酸、硫黄、双氧水等接触会发生爆炸；遇甘油立即分解而强烈燃烧。建议应急处理人员戴防尘面具（全面罩），穿防毒服。

亚硫酸氢钠：具有强还原性。接触酸或酸性气体能产生有毒气体。受高热分解放出有毒的气体。具有腐蚀性，消防人员必须穿全身耐酸碱消防服。灭火时尽可能将容器从火场移至空旷处。

2. 操作风险

己二酸的制备操作：己二酸的生产原料主要包括苯等，这些物质具有易燃、易爆的特性，必须严格控制反应条件，避免引发火灾或爆炸事故。

二、实验目的

1. 了解用环己醇氧化制备己二酸的基本原理和方法。
2. 掌握浓缩、过滤、重结晶等基本操作。

三、实验原理

$$3\,C_6H_{11}OH + 8KMnO_4 + H_2O \longrightarrow 3\,HOOC(CH_2)_4COOH + 8MnO_2 + 8KOH$$

$$C_6H_{11}OH \xrightarrow{+KMnO_4,\,OH^-} \text{环己酮} \xrightleftharpoons[]{OH^-} [\text{烯醇式} \leftrightarrow \text{烯醇负离子}]$$

$$\xrightarrow{KMnO_4} \text{醛中间体} \xrightarrow{KMnO_4} \text{二羧酸负离子} \xrightarrow{H^+} HOOC(CH_2)_4COOH$$

环己酮是对称酮，在碱作用下只能得到一种烯醇负离子，氧化生成单一化合物。若为不对称酮，在碱作用下就会产生两种烯醇负离子，每一种烯醇负离子氧化得到的产物不同，合成意义不大。

四、实验仪器与试剂

仪器：烧杯、温度计、吸滤瓶、玻璃棒、滴管、滤纸、石棉网、布氏漏斗。

试剂：环己醇、高锰酸钾、亚硫酸氢钠、活性炭、10％氢氧化钠溶液、浓盐酸。

五、实验步骤

在 250mL 烧杯中加入 2.5mL 10％氢氧化钠溶液，加蒸馏水 25.0mL，边搅拌边加入 3.0g 高锰酸钾。待高锰酸钾溶解后，用滴管缓慢滴加 1.1mL（1.0g）环己醇，控制滴加速度，使反应温度维持在 45℃ 左右。滴加完毕，反应温度开始下降时，在沸水浴上加热 3～5min，促使反应完全，可观察到有大量二氧化锰的沉淀凝结。

用玻璃棒蘸一滴反应混合物点到滤纸上做点滴实验。如有高锰酸盐存在，则在棕色二氧化锰点的周围出现紫色的环，可加入少量固体亚硫酸氢钠直到点滴试验呈阴性为止。趁热抽滤混合物。用少量热水洗涤滤渣 3 次，将洗涤液与滤液合并置于烧杯中，加少量活性炭脱色，趁热抽滤。将滤液转移至干净烧杯中，并在石棉网上加热浓缩至 8mL 左右，在搅拌下慢慢滴入浓盐酸至 pH＝2，析出白色晶体，放置、冷却、结晶、抽滤、干燥，得己二酸白色晶体。本实验约需 3～4h。

六、注意事项

1. 此反应属强烈放热反应，要控制好滴加速度和搅拌速度，以免反应过于剧烈，引起飞溅或爆炸。同时，不要在烧杯上口观察反应情况。

2. 反应温度不可过高，否则反应难以控制，易导致混合物冲出反应器。

3. 二氧化锰胶体受热后产生胶凝作用而沉淀下来，便于过滤分离。

七、思考题与问题讨论

1. 为什么必须严格控制环己醇的滴加速度？

2. 为什么有些实验在反应快结束或加入最后一点反应物前应加热？

实验十　甲基橙的制备

一、实验项目风险评估

1. 化学品危害

对氨基苯磺酸、N,N-二甲基苯胺、亚硝酸钠、氢氧化钠、浓盐酸、冰醋酸、乙醇、乙醚均属于危化品。浓盐酸、乙醚属于易制毒危化品。

对氨基苯磺酸：微毒，受热分解，放出氮、硫的氧化物等毒性气体，建议应急处理人员戴防尘面具（全面罩），穿防毒服。

N,N-二甲基苯胺：又称二甲基替苯胺，无色至淡黄色油状液体，有刺激性臭味，高毒，高热能分解放出有毒的苯胺气体。能通过皮肤吸收而中毒。

亚硝酸钠：暴露于空气中会与氧气反应生成硝酸钠。若加热到 320℃ 以上则分解，生成氧气、氧化氮和氧化钠，接触有机物易燃烧爆炸，有毒，建议应急处理人员戴自给式呼吸器，穿一般作业工作服。勿使泄漏物与还原剂、有机物、易燃物或金属粉末接触。

乙醚：具高度挥发性、有甜味、极易燃的液体，一种有毒物质，长久呼吸乙醚气体能使呼吸器官受到刺激，发炎，记忆力减弱，产生颓伤情绪等；具有优良的绝缘性，在空气中振动或用丝绸过滤时因摩擦发生静电也有自燃的危险；储存于阴凉、通风的库房；远离火种、热源。库温不宜超过 29℃；包装要求密封，不可与空气接触；应与氧化剂等分开存放，切忌混储。不宜大量储存或久存；采用防爆型照明、通风设施。禁止使用易产生火花的机械设备和工具。

2. 操作风险

重氮化反应和偶合反应操作：芳胺偶合生成重氮氨基化合物，亚硝酸钠投料的速度也必须严格控制，投料过快，会造成局部亚硝酸钠过量，引起火灾爆炸事故；投料过慢，来不及作用的芳胺会和重氮盐作用。

二、实验目的

1. 熟悉重氮化反应和偶合反应的原理，掌握甲基橙的制备方法。
2. 了解低温反应的操作方法。

三、实验原理

1. 重氮化反应

$$NH_2-C_6H_4-SO_3H + NaOH \longrightarrow NH_2-C_6H_4-SO_3Na + H_2O$$

$$NH_2-C_6H_4-SO_3Na + NaNO_2 + HCl \xrightarrow{0\sim5℃} [HO_3S-C_6H_4-N{\equiv}N]Cl$$

2. 偶合反应

$$[HO_3S-C_6H_4-N{=}N]Cl \xrightarrow[HAc]{C_6H_5N(CH_3)_2} [HO_3S-C_6H_4-N{=}N-C_6H_4-NH(CH_3)_2]Ac$$

$$\xrightarrow{NaOH} NaO_3S-C_6H_4-N{=}N-C_6H_4-N(CH_3)_2$$

四、实验仪器与试剂

仪器：烧杯、温度计、表面皿、试管、滴管等。

试剂：对氨基苯磺酸、N,N-二甲基苯胺、淀粉-碘化钾试纸、亚硝酸钠、氢氧化钠（1%，5%）、浓盐酸、冰乙酸、乙醇、乙醚。

五、实验步骤

1. 重氮盐的制备

在 50mL 烧杯中，加入 1g 对氨基苯磺酸晶体和 5mL 5%氢氧化钠溶液，温热使晶体溶解，用冰盐浴冷却至 0℃ 以下。另在一试管中配制 0.4g 亚硝酸钠和 3mL 水的溶液。将此配制液也加入上述烧杯中。维持温度为 0~5℃，在搅拌下，慢慢用滴管滴入 1.5mL 浓盐酸和 5mL 水配制的溶液，直至用淀粉-碘化钾试纸检测呈现蓝色为止，继续在冰盐浴中放置 15min 使反应完全，这时往往有白色细小晶体析出。

2. 偶合反应

在试管中加入 0.7mL N,N-二甲基苯胺和 0.5mL 冰乙酸，并混匀。在搅拌下将此混合液缓慢加到上述冷却的重氮盐溶液中，加完后继续搅拌 10min。缓缓加入约 15mL 5%氢氧化钠溶液，直至反应物变为橙色（此时反应液为碱性）。甲基橙粗品呈细粒状沉淀析出。

将反应物置于沸水浴中加热 5min，冷却后，再放置于冰浴中冷却，使甲基橙晶体析出完全。抽滤，依次用少量水、乙醇和乙醚洗涤，压紧抽干。干燥后得粗产品。

粗产品用 1%氢氧化钠进行重结晶。待结晶析出完全，抽滤，依次用少量水、乙醇和乙醚洗涤，压紧抽干，得片状结晶。

将少许甲基橙溶于水中，加几滴稀盐酸，然后再用稀碱中和，观察颜色变化。本实验约需 4~5h。

六、注意事项

1. 对氨基苯磺酸为两性化合物，酸性强于碱性，它能与碱作用成盐而不能与酸作用成盐。

2. 重氮化过程应严格控制温度，反应温度若高于 5℃，生成的重氮盐易水解为酚，降低产率。

3. 若试纸不显色，需补充亚硝酸钠溶液。

4. 重结晶操作要迅速，否则由于产物呈碱性，在温度高时易变质，颜色变深。用乙醇和乙醚洗涤的目的是使其迅速干燥。

七、思考题与问题讨论

1. 在重氮盐制备前为什么还要加入氢氧化钠？是否可以直接将对氨基苯磺酸与盐酸混合后，再加入亚硝酸钠溶液进行重氮化操作？为什么？
2. 制备重氮盐为什么要维持 0～5℃ 的低温，温度高有何不良影响？
3. 重氮化反应为什么要在强酸条件下进行？偶合反应为什么又要在弱酸条件下进行？

实验十一　二亚苄基丙酮的合成

一、实验项目风险评估

1. 化学品危害

苯甲醛：对眼睛、呼吸道黏膜有一定的刺激作用。由于其挥发性低，刺激作用不足以引致严重危害，遇明火、高热可燃；若遇高热，容器内压增大，有开裂和爆炸的危险，消防人员须佩戴防毒面具、穿全身消防服，在上风向灭火。

丙酮：又名二甲基酮，易溶于水和甲醇、乙醇、乙醚、氯仿、吡啶等有机溶剂，易燃、易挥发、易制毒，化学性质较活泼；属有毒物品，轻度中毒对眼及上呼吸道黏膜有刺激作用，重度中毒有晕厥、痉挛症状，对中枢神经系统有麻醉作用，吸入蒸气能引起头痛、眼花、呕吐等症状；储存于阴凉、通风良好的专用库房内，远离火种、热源。库温不宜超过 29℃。保持容器密封。应与氧化剂、还原剂、碱类分开存放，切忌混储。采用防爆型照明、通风设施。

2. 操作风险

合成操作：部分反应步骤可能需要在加压条件下进行，若压力控制不当，可能引发爆炸。

催化操作：不同反应步骤可能涉及不同的催化剂，如钴、钒、硫酸、磷酸、氢氧化钠或氢氧化钾等，若催化剂处理不当，可能导致火灾、爆炸或中毒。

羟醛缩合反应操作：由于反应条件的不完善或反应物质量不足等原因，反应不完全，可能产生副产物，对环境和人体健康造成潜在的危害。

二、实验目的

1. 学习利用羟醛缩合反应增长碳链的原理和方法。
2. 学习利用反应物的投料比控制反应产物。

三、实验原理

两分子具有 α-活泼氢的醛酮在稀酸或稀碱催化下发生分子间缩合反应生成 β-羟基醛酮即羟醛酮；若提高反应温度，则进一步失水生成 α,β-不饱和醛酮，这种反应叫羟醛缩合反应。这是合成 α,β-不饱和羰基化合物的重要方法，也是有机合成中增长碳链的重要方法。

羟醛缩合分为自身缩合和交叉羟醛缩合两种。如没有 α-活泼氢的芳醛可与有 α-活泼氢的醛酮发生羟醛缩合，得到 α,β-不饱和醛酮，这种交叉的羟醛缩合称为 Claisen-Schmidt 反应。这是合成侧链上含两种官能团的芳香族化合物及含几个苯环的脂肪族体系中间体的重要方法。

在苯甲醛和丙酮的交叉羟醛缩合反应中，通过改变反应物的投料比可得到两种不同产物：

$$2\ C_6H_5-CHO + CH_3COCH_3 \longrightarrow C_6H_5-CH=CH-CO-CH=CH-C_6H_5$$

$$C_6H_5-CHO + CH_3COCH_3 \xrightarrow[-H_2O]{OH^-} C_6H_5-CH=CH-CO-CH_3$$

四、实验仪器与试剂

仪器：烧杯、玻璃棒、布氏漏斗、磁力搅拌器、锥形瓶、水浴装置、抽滤瓶。

试剂：苯甲醛、丙酮、乙醇、氢氧化钠（10％）。

五、实验步骤

将苯甲醛-乙醇溶液（1.0mol·L^{-1}）40mL 和 10％氢氧化钠溶液 40mL 置于 250mL 烧杯中，在磁力搅拌下，加入丙酮 1.4mL，放置 20min（放置过程中应不时搅拌），将有沉淀析出。抽滤后称量晶体质量并记录，并将其转移至 100mL 锥形瓶中，加入 18mL 乙醇，水浴微热（30～40℃）溶解。

粗产品全部溶解结束后，用冰水冷至 0℃，抽滤、干燥、称重、测定其熔点。纯二亚苄基丙酮为淡黄色片状晶体，熔点 110～111℃（113℃分解）。

六、注意事项

1. 放置过程中应不时搅拌，使之充分反应。
2. 苯甲醛及丙酮的量应准确量取。

七、思考题与问题讨论

1. 丙酮为什么不能过量？

2. 副产物有哪些？

实验十二　从茶叶中提取咖啡因

一、实验项目风险评估

1. 化学品危害

生石灰：用于去除提取液中的水分，但其具有腐蚀性，使用时需戴手套和防护眼镜，避免直接接触皮肤和眼睛。

乙醇：作为提取溶剂，其纯度应达到实验要求，避免使用含有杂质或水分的乙醇。易燃，应存放在阴凉通风处，远离火源。穿实验工作服，佩戴手套、防护眼镜等实验安全防护用品（实验应准备中性和疏水软膏）。

2. 操作风险

天然产物的提取和分离操作：涉及多种化学物质的处理，包括溶剂的选择和使用，这些化学物质可能具有毒性、易燃性或腐蚀性，增加了操作的安全风险。使用不当的溶剂或操作不当可能导致化学物质的泄漏或溅射，对操作人员构成健康危害。此外，某些天然产物成分可能具有刺激性或过敏性，直接接触皮肤或吸入其蒸气可能引起不适或更严重的健康问题。

二、实验目的

1. 了解天然产物提取和分离的基本原理和方法。
2. 初步掌握提取、升华等操作。

三、实验原理

茶叶中含有多种生物碱，其中以咖啡碱（又称咖啡因）为主，约占1%～5%。它具有刺激心脏、兴奋大脑神经和利尿等作用，因此可作为中枢神经兴奋药。它也是复方阿司匹林（A.P.C）等药物的组分之一。咖啡碱的结构式如下：

嘌呤　　　　咖啡因

含结晶水的咖啡因为无色针状结晶，能溶于水、乙醇、氯仿等，在100℃时即失去结晶水,并开始升华,120℃时升华相当显著,至178℃时升华很快。咖啡因的熔点为234.5℃。

为了提取茶叶中的咖啡因,往往利用适当的溶剂(氯仿、乙醇、苯等)在脂肪提取器中连续抽提,然后蒸去溶剂,即得粗咖啡因。

粗咖啡因还含有生物碱和杂质,利用升华可进一步提纯。

四、实验仪器与试剂

仪器：脂肪提取器、圆底烧瓶、蒸馏装置、蒸发皿、玻璃漏斗、滤纸。

试剂：茶叶、95％乙醇、生石灰。

抽提装置和常压普通升华装置见图1和图2。

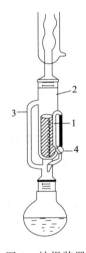
图1 抽提装置
1—滤纸套筒；2—提取器；3—玻璃管；4—虹吸管

图2 常压普通升华装置

五、实验步骤

称取茶叶末5g,放入脂肪提取器的滤纸套筒中,在圆底烧瓶内加入75mL 95％乙醇,水浴加热。连续提取约1h后,待冷凝液刚刚虹吸下去时,即停止加热。然后改成蒸馏装置,加热回收抽取液中的大部分乙醇。把残液倾入蒸发皿中,拌入约2g生石灰粉,在空气浴上蒸干,务必使水分全部除去。冷却后,擦去沾在边上的粉末,以免在升华时污染产物。

取一只合适的玻璃漏斗,罩在刺有许多小孔的滤纸的蒸发皿上,用沙浴(控制温度为220℃左右)小心加热升华。当瓶上出现白色针状结晶时,暂停加热,冷至100℃左右,揭开漏斗和滤纸。仔细地把附在滤纸上及器皿周围的咖啡因用小刀刮下,残渣经搅拌后用较高的温度再加热片刻,使升华完全。合并两次收集的咖啡因,测定熔点。产品不纯时,可用少量热水重结晶提纯(或放入微量升华管中再次升华)。

本实验约需 5～6h。

六、注意事项

1. 脂肪提取器（图 1）利用溶剂回流及虹吸原理，使固体物质连续不断地为纯的溶剂所萃取，因而效率较高。萃取前应先将固体物质研细，以增加溶剂浸润的面积，然后将固体物质放在滤纸套筒 1 内，置于提取器 2 中。提取器的下端通过木塞（或磨口）和盛有溶剂的烧瓶连接，上端接冷凝管。当溶剂沸腾时，蒸气通过玻璃管 3 上升，被冷凝管冷凝成为液体，滴入提取器中，当溶剂液面超过虹吸管 4 的最高处时，即虹吸流回烧瓶，因而萃取出溶于溶剂的部分物质。就这样利用溶剂回流和虹吸作用，固体的可溶物质富集到烧瓶中。然后用其他方法将萃取到的物质从溶液中分离出来。

2. 滤纸套筒大小既要紧贴器壁，又能方便取放，其高度不得超过虹吸管；将茶叶装入滤纸套筒时要严谨，防止漏出堵塞虹吸管；纸套上面折成凹形，以保证回流液均匀浸润被萃取物。

3. 若提取液颜色很淡，即可停止提取。

4. 瓶中乙醇不可蒸得太干，否则残液很黏，转移时损失较大。

5. 生石灰起吸水和中和作用，以除去部分酸性杂质。

6. 在萃取回流充分的情况下，升华操作是本实验成败的关键。在升华过程中，始终用小火间接加热。温度太高会使滤纸碳化变黑，并把一些有色物烘出来，使产品不纯。第二次升华时，火亦不能太大，否则会使被烘物大量冒烟，导致产物损失。

七、思考题与问题讨论

1. 提取咖啡因时，生石灰起什么作用？
2. 从茶叶中提取出的粗咖啡因有绿色光泽，为什么？

第四章 分析化学实验

实验一 分析天平的使用

一、实验项目风险评估

分析天平是一种精密仪器，需要定期维护，以确保其正常使用和准确性。操作人员需了解维护方法，按照要求进行维护，避免因维护不当导致天平故障。在使用分析天平时，可能会因静电干扰导致称量结果产生误差。

分析天平需要接通电源进行使用，存在触电风险。操作人员应确保天平的电源连接正确，避免触碰裸露的电线和接口。在使用分析天平前需要对仪器进行预处理和校准，可能涉及使用有机溶剂或标准物质，操作人员需注意化学品的使用安全。在操作分析天平时，需要小心操作，避免将重物误放或掉落在天平上，导致仪器损坏或发生意外。

二、实验目的

1. 熟悉分析天平的构造和使用方法。
2. 掌握分析天平的基本操作及常用的称量方法，做到快而准。
3. 培养准确、整齐、简明地记录实验原始数据的习惯。

三、实验原理

1. 分析天平的特点

分析天平根据电磁力平衡原理直接称量。

特点：性能稳定、操作简便、称量速度快、灵敏度高，能进行自动校正、去皮及质量电信号输出。

2. 分析天平的使用方法

（1）水平调节水泡应位于水平仪中心。

（2）接通电源，预热 30min。

（3）打开开关 ON，使显示器亮，并显示称量模式 0.0000g。

（4）直接称量，按 ZERO 键，显示为零后。将称量物放入盘中央，待读数稳定后，该数字即为称物体的质量。

（5）差减称量，按 ZERO 键清零，将空容器放在盘中央，按 ZREO 键显示零，即去皮。将称量物放入空容器中，待读数稳定后，此时天平所示读数即为所称物体的质量。

3．称量方法

（1）直接称量法

用于直接称量某一固体物体的质量。如小烧杯。

要求：所称物体洁净、干燥，不易潮解、升华，无腐蚀性。

方法：天平零点调好以后，关闭天平，把被称物用一干净的纸条套住（也可戴专用手套），放在天平称量盘中央。所得读数即为被称物的质量。

（2）固定质量称量法

用于称量指定质量的试样。如称量基准物质，来配制一定浓度和体积的标准溶液。

要求：试样不吸水，在空气中性质稳定，颗粒细小（粉末）。

方法：先调零，把容器放入天平中，关闭天平，再清零。拿牛角勺将试样慢慢加入盛放试样的容器中，半开天平进行称重。当所加试样与指定质量相差不到 10mg 时，完全打开天平，极其小心地将盛有试样的牛角勺伸向称量盘的容器上方约 2~3cm 处，勺的另一端顶在掌心上，用拇指、中指及掌心拿稳牛角勺，并用食指轻弹勺柄，将试样慢慢抖入容器中，直至指定质量为止。此操作必须十分仔细。

（3）递减称量法（差减法）

用于称量一定质量范围的试样。适于称取多份易吸水、易氧化或易于和 CO_2 反应的物质。

方法：用小纸条夹住已干燥好的称量瓶从干燥器中拿出来，放在分析天平称量盘上。显示稳定后，按一下清零键使显示为零，然后用纸条取出称量瓶将称量瓶放在容器上方，右手用纸片夹住瓶盖柄，打开瓶盖。将瓶身慢慢向下倾斜，并用瓶盖轻轻敲击瓶口，使试样慢慢落入容器内（不要把试样撒在容器外）。当估计倾出的试样已接近所要求的质量时（可从体积上估计），慢慢将称量瓶竖起，并用盖轻轻敲瓶口，使粘附在瓶口上部的试样落入瓶内，盖好瓶盖，重复以上操作，直到达到要求范围，即可记录称量结果。

四、实验仪器与试剂

仪器：称量瓶（洗净、烘干）、镊子、分析天平、坩埚。

试剂：黄沙。

五、实验步骤

称取 0.3~0.4g 黄沙三份。

1. 在分析天平上准确称取干燥洁净的坩埚质量，记录称量数据 W_1。
2. 将已加黄沙试样的干燥洁净的称量瓶放在天平上，清零，拿出。转移 0.3~0.4g 黄沙至已称量的小坩埚中，将称量瓶再放入天平中，得到 W_2；按"ZERO"。
3. 称取已转入黄沙的坩埚质量，得 W_3。

六、注意事项

1. 分析天平使用前必须预热，每次称量前一定要调零。
2. 注意读到小数点后第四位。

七、数据记录与处理

编号	W_1/g	W_2/g	W_3/g	$\lvert\Delta T\rvert=\lvert(W_3-W_1)-W_2\rvert\leqslant 0.0003g$
1				
2				
3				

八、思考题与问题讨论

1. 称量结果应记录至几位有效数字？为什么？
2. 差减法如何操作？样品如何转移？

实验二 强酸强碱溶液的配制及相互滴定

一、实验项目风险评估

1. 化学品危害

盐酸、氢氧化钠、甲基橙、酚酞均属于危化品。强酸和强碱具有刺激性，可能对皮肤、呼吸道和消化道造成伤害。甲基橙易燃。酚酞属刺激剂，溶于乙醇和碱溶液，在乙醚中略溶，极微溶于氯仿，长期使用可损害神经系统。

2. 操作风险

操作人员应佩戴防护手套、护目镜、穿实验服，避免直接接触，并确保操作在通风良好的实验室中进行。在配制和混合过程中，应遵循正确的操作步骤，避免混合或不当操作导致意外发生。在强酸强碱的滴定过程中，由于溶液滴定时可能产生气泡或喷溅，可能会导致溶液溅到皮肤或眼睛中，造成灼伤，因此，在滴定过程中应小心操作。强酸强碱溶液的配制及滴定实验操作需要准确计量和控制反应条件，操作不当可能会导致实验结果出现误差。操作人员应严格按照实验步骤进行操作，避免误操作引发风险。强酸强碱溶液在实验结束后产生的废液需要正确处理，应按照实验室的废弃物处理规定进行处理，避免对环境造成污染或危害。

二、实验目的

1. 掌握 NaOH、HCl 溶液的配制方法。
2. 通过练习滴定操作，初步掌握半滴操作和用甲基橙、酚酞指示剂确定终点的方法。

三、实验原理

1. NaOH 和 HCl 溶液的配制

由于 NaOH 固体易吸收空气中的 CO_2 和水分，浓盐酸易挥发，故只能选配成近似浓度的溶液，通常配制 $0.1 mol·L^{-1}$ 的溶液。

2. $0.1 mol·L^{-1}$ HCl 和 $0.1 mol·L^{-1}$ NaOH 的相互滴定

强酸 HCl 与强碱 NaOH 溶液的滴定反应，反应速度快，滴定的突跃范围宽：pH＝4.3～9.7，常用酸碱指示剂如：甲基橙[pH＝3.1(红色)～4.4(黄色)]或酚酞[pH＝8.0(无色)～9.6(红色)]。

当指示剂一定时，用一定浓度的 HCl 和 NaOH 相互滴定，指示剂变色时，所消耗的体积比 V_{HCl}/V_{NaOH} 不变，与被滴定溶液的体积无关。借此可检验滴定操作技术和判断终点的能力。

四、实验仪器与试剂

仪器：100mL 烧杯、500mL 试剂瓶（一个带玻璃塞，另一个带橡胶塞）、锥形瓶、台秤。

试剂：浓 HCl、固体 NaOH、甲基橙溶液（0.1％水溶液）、酚酞（0.2％乙醇溶液）。

五、实验步骤

1. $0.1 mol·L^{-1}$ HCl 和 $0.1 mol·L^{-1}$ NaOH 溶液的配制

（1）$0.1 mol·L^{-1}$ HCl 的配制

用 10mL 的洁净量筒量取约 4.5mL 浓 HCl（为什么量取比理论值稍多的 HCl？）倒入盛有 400mL 水的试剂瓶中，加蒸馏水至 500mL，盖上玻璃塞，充分摇匀。贴好标

(2) 0.1mol·L^{-1} NaOH 的配制

用台秤迅速称取约 2.1g NaOH 于 100mL 小烧杯中，加约 30mL 无 CO_2 的去离子水溶解，然后转移至试剂瓶中，用去离子水稀释至 500mL，摇匀后，用橡皮塞塞紧。贴好标签，备用。

2. 酸碱溶液的相互滴定

洗净酸式、碱式滴定管，检查不漏水。

(1) 先用 0.1mol·L^{-1} NaOH 润洗碱式滴定管 2～3 次（每次用量 5～10mL），再加 NaOH 溶液至 "0" 刻度线以上，排出管尖的气泡后调整液面至 0.00 刻度处。

(2) 先用 0.1mol·L^{-1} HCl 润洗酸式滴定管 2～3 次，再加 HCl，排气泡，调整液面至 0.00 刻度处。

(3) 从碱式滴定管放出 20.00mL NaOH 于 250mL 锥形瓶，加 2 滴甲基橙指示剂，用 HCl 滴定至橙色。反复练习至熟练。

(4) 从碱式滴定管放出 20.00mL NaOH（10mL/分钟）于 250mL 锥形瓶，加 2 滴甲基橙指示剂，加 100mL 蒸馏水，用 HCl 滴定至橙色，记录读数，计算 V_{HCl}/V_{NaOH}。注意需平行作 3 份（颜色一致）。

(5) 用移液管吸取 25.00mL 0.1mol·L^{-1} HCl 于 250mL 锥形瓶，加 2 滴酚酞，加 100mL 蒸馏水，用 0.1mol·L^{-1} NaOH 滴定至微红色（30s 内不褪色），记录读数，平行作 3 份。

六、注意事项

1. 体积读数要读至小数点后两位。
2. 控制滴定速度，不要成流水线。
3. 近终点时，作半滴操作，并注意用洗瓶冲洗。

七、数据记录与处理

1. HCl 滴定 NaOH（指示剂：甲基橙）

记录项目	平行测定次数		
	1	2	3
V_{NaOH}/mL			
V_{HCl}/mL			
V_{HCl}/V_{NaOH}			
V_{HCl}/V_{NaOH}（平均值）			
相对偏差			
相对平均偏差			

2. NaOH 滴定 HCl（指示剂：酚酞）

记录项目	平行测定次数		
	1	2	3
V_{HCl}/mL			
V_{NaOH}/mL			
V_{NaOH}/mL（平均值）			
3 次 V_{NaOH}/mL 最大绝对差值			

八、思考题与问题讨论

1. 配制 NaOH 溶液时，应选用何种天平称取试剂？为什么？

2. HCl 和 NaOH 溶液能直接配制准确浓度吗？为什么？

3. 在滴定分析实验中，滴定管和移液管为何需用滴定剂和待移取的溶液润洗几次？锥形瓶是否也要用滴定剂润洗？

4. HCl 和 NaOH 溶液反应完全后，生成 NaCl 和水，为什么用 HCl 滴定 NaOH 时，采用甲基橙指示剂，而用 NaOH 滴定 HCl 时，使用酚酞或其它合适的指示剂？

实验三　酸碱反应与缓冲溶液

一、实验项目风险评估

1. 化学品危害

甲基橙、酚酞、NH_4Ac 溶液、HAc 溶液、$NH_3 \cdot H_2O$ 溶液均属于危化品。甲基橙易燃。酚酞属刺激剂，溶于乙醇和碱溶液，在乙醚中略溶，极微溶于氯仿，长期使用可损害神经系统。

2. 操作风险

酸碱反应涉及强酸、强碱等化学品，这些危化品具有腐蚀性和刺激性，易对皮肤、呼吸道和消化道造成伤害。在进行酸碱反应实验时，需要小心操作，避免化学品直接接触皮肤和眼睛，确保实验操作在通风良好的实验室中进行，并配备必要的个人防护装备。某些酸碱反应是放热反应，反应会伴随着热量的释放，有可能导致溶液温度升高，甚至引发烫伤。在进行这类实验时，应注意控制反应条件，避免反应温度升高过快或过高。酸碱反应实验需要准确计量和混合化学品，操作不当可能导致实验结果的误差或意外事故的发生。操作人员在进行这类实验时应严格按照实验步骤进行操作，避免误操作引发风险。实验结束后产生的废液需要正确处理，应按照实验室的废弃物处理规定进行处理，避免对环境造成污染或危害。

二、实验目的

1. 进一步理解和巩固酸碱反应的有关概念和原理（同离子效应、盐类水解及其影响因素）。
2. 掌握试管实验的一些基本操作。
3. 学习缓冲溶液的配制及其 pH 的测定，了解缓冲溶液的缓冲原理。
4. 学习酸度计的使用方法。

三、实验原理

1. 同离子效应

强电解质在水中全部解离，弱电解质在水中部分解离。在一定温度下，弱酸弱碱的解离平衡如下：

$$HA + H_2O \rightleftharpoons H_3O^+ + A^-$$

$$B + H_2O \rightleftharpoons BH^+ + OH^-$$

在弱电解质溶液中，加入与弱电解质含有相同离子的强电解质，解离平衡向生成弱电解质的方向移动，弱电解质的解离度下降，这种现象称为同离子效应。

2. 盐类水解

强酸强碱盐在水中不水解。强酸弱碱盐（如 NH_4Cl）水解溶液显酸性，强酸弱碱盐（如 NaAc）水解溶液显碱性。弱酸弱碱盐（如 NaAc）水解溶液的酸碱性取决于弱酸弱碱的相对强弱。例如：

$$Ac^- + H_2O \rightleftharpoons HAc + OH^-$$

$$NH_4^+ + Ac^- + H_2O(l) \rightleftharpoons NH_3 \cdot H_2O + HAc$$

水解反应是酸碱中和反应的逆反应。中和反应是放热反应，水解反应是吸热反应。因此升高温度有利于盐类的水解。

3. 缓冲溶液

由弱酸（或弱碱）与弱酸（或弱碱）盐（如 HAc-NaAc、$NH_3 \cdot H_2O$-NH_4Cl、H_3PO_4-NaH_2PO_4、$NaHPO_4$、$NaHPO_4$-Na_3PO_4 等）组成的溶液具有保持溶液 pH 相对稳定的性质，这类溶液称为缓冲溶液。

由弱酸-弱碱盐组成的缓冲溶液的 pH 可由下式计算：

$$pH = pK_a^\ominus(HA) - \lg c_{HA}/c_{A^-}$$

由弱碱-弱酸盐组成的缓冲溶液的 pH 可用下式计算：
$$pH = 14 - pK_b^{\ominus}(B) + \lg c_B/c_{BH^+}$$
缓冲溶液的 pH 可以用 pH 试纸来测定。

缓冲溶液的缓冲能力与组成溶液的弱酸（或弱碱）及其共轭碱（或酸）的浓度有关，当弱碱（或弱酸）与它的共轭碱（或酸）浓度较大时，其缓冲溶液能力较强。此外，缓冲能力还与 c_{HA}/c_{A^-} 或 c_B/c_{BH^+} 有关。当比值接近 1 时，其缓冲能力最强。此值通常选在 0.1～10 范围内。

四、实验仪器与试剂

仪器：试管。

试剂：甲基橙、酚酞、NH_4Ac 溶液、HAc 溶液、$NH_3 \cdot H_2O$ 溶液。

五、实验步骤

1. 同离子效应

使用 pH 试纸和酚酞检测 $0.1 mol \cdot L^{-1}$ $NH_3 \cdot H_2O$，观察溶液变红，然后加入少量 NH_4Ac（s），观察 pH 值变为 9。

使用 pH 试纸和甲基橙检测 $0.1 mol \cdot L^{-1}$ HAc，重复上述步骤，观察溶液变成浅红色后褪色，pH 值变为 3。

2. 盐类水解

配制不同盐类溶液（NaCl、NaAc、NH_4Cl），测定它们的 pH 值，观察其酸碱性。水解步骤：

（1）取三支试管，分别标记为 A、B、C。

（2）向 A 试管中加入少量 NaCl 溶液，向 B 试管中加入少量 NaAc 溶液，向 C 试管中加入少量 NH_4Cl 溶液。注意每次加入的量应相等，以便后续比较。

（3）使用 pH 试纸分别测定 A、B、C 三支试管中溶液的 pH 值。或者，为了更直观地观察现象，也可以分别向三支试管中滴加几滴酚酞试液（或甲基橙试液等），观察实验现象。

3. 缓冲溶液

配制 4 种缓冲溶液：

（1）10.0 mL $1.0 mol \cdot L^{-1}$ HAc-10.0 mL $1 mol \cdot L^{-1}$ NaAc。

（2）10.0 mL $0.1 mol \cdot L^{-1}$ HAc-10.0 mL $1 mol \cdot L^{-1}$ NaAc。

（3）10.0 mL $0.1 mol \cdot L^{-1}$ HAc 中加入 2 滴酚酞，滴加 $0.1 mol \cdot L^{-1}$ NaOH 溶液至酚酞变红，半分钟不消失，再加入 10.0 mL $0.1 mol \cdot L^{-1}$ HAc。

（4）10.0 mL、$1 mol \cdot L^{-1}$ $NH_3 \cdot H_2O$-10 mL $1 mol \cdot L^{-1}$ NH_4Cl。

使用 pH 试纸测定上述 4 种缓冲溶液的 pH 值，并与计算值进行比较。

在第（1）种缓冲溶液中加入 0.5mL（约十滴）0.1mol·L^{-1} HCl 溶液摇匀，用 pH 计测试，观察 pH 值的变化。再加入 1.0mL 0.1mol·L^{-1} NaOH 溶液，观察 pH 值的变化，并与计算值比较。

六、思考题与问题讨论

1. 如何配制 $SnCl_2$ 溶液和 $Bi(NO_3)_3$ 溶液？写出其水解反应的离子方程式。
2. 影响盐类水解的因素有哪些？
3. 缓冲溶液 pH 由哪些因素决定？其中主要的决定因素是什么？

实验四 酸碱标准溶液的配制和标定

一、实验项目风险评估

1. 化学品危害

甲基橙、酚酞均属于危化品（危害性同本章实验三）。强酸和强碱具有刺激性，可能对皮肤、呼吸道和消化道造成伤害。

2. 操作风险

酸碱标准溶液的配制和标定过程中会使用强酸和强碱等化学品，这些化学品具有腐蚀性和刺激性，可能对皮肤、呼吸道和消化道造成伤害。在进行配制和标定实验时，需要小心操作，避免化学品直接接触皮肤和眼睛，确保实验操作在通风良好的实验室中进行，并配备必要的个人防护装备。在配制酸碱标准溶液时，需保证所配制的溶液浓度准确无误，同时要确保溶液的稳定性以保证实验结果的准确性。操作人员需要仔细按照实验方案进行配制，以避免溶液浓度偏差或溶液的不稳定性对实验结果造成影响。酸碱标准溶液的标定过程需要准确的体积计量、容器清洁和操作技巧，操作不当可能导致标定误差或实验结果不准确。在进行实验时，操作人员应严格按照标定方法进行操作，注意操作细节，避免因操作不当而影响实验结果。酸碱标准溶液的配制和标定过程会产生废液，需要正确处理。废液应按照实验室的废弃物处理规定进行处理，避免对环境造成污染或危害。

二、实验目的

1. 掌握容量仪器的洗涤和滴定管的准确使用方法。
2. 巩固用递减法称量固体物质。
3. 学习用基准物来标定 HCl 溶液和 NaOH 溶液的方法。

三、实验原理

一般的酸碱因含有杂质或其稳定性较差，不能直接配成准确浓度的溶液，只能先配成近似浓度的溶液，然后进行标定。酸碱反应的实质是 $H^+ + OH^- \rlap{=}= H_2O$，当 HCl 和 NaOH 完全反应时：

$$c_{HCl}V_{HCl} = c_{NaOH}V_{NaOH}$$

通过 HCl 溶液与 NaOH 溶液的比较滴定，可以确定两种溶液体积的比例。如果已知 HCl 溶液的准确浓度，就可以由上式计算出 NaOH 溶液的准确浓度。

1. 标定 HCl 溶液常用的基准物质是无水碳酸钠。无水碳酸钠作基准物质的优点是容易提纯，价格便宜。缺点是碳酸钠摩尔质量较小，具有吸湿性。因此 Na_2CO_3 固体需先在 270~300℃ 高温炉中灼烧至恒重，然后置于干燥器中冷却后备用。Na_2CO_3 与 HCl 的反应如下：

$$Na_2CO_3 + 2HCl \rlap{=}= 2NaCl + H_2O + CO_2\uparrow$$

计量点时溶液的 pH 为 3.89，可选用甲基橙作指示剂，用待标定的盐酸溶液滴定至溶液由黄色变橙色，即为终点。根据 Na_2CO_3 的质量和所消耗的 HCl 体积，可以计算出 HCl 的准确浓度。

$$c_{HCl} = 2m/(M_{Na_2CO_3} \cdot V_{HCl}) \times 10^3 \ (V \text{ 的单位为 mL})$$

2. 标定 NaOH 的基准物质有草酸（$H_2C_2O_4 \cdot 2H_2O$）、苯甲酸（$C_7H_6O_2$）、邻苯二甲酸氢钾（$KHC_8H_4O_4$）等。通常用邻苯二甲酸氢钾标定 NaOH，反应如下：

$$\text{C}_6\text{H}_4(\text{COOK})(\text{COOH}) + NaOH \rlap{=}= \text{C}_6\text{H}_4(\text{COOK})(\text{COONa}) + H_2O$$

计量点时，生成的弱酸强碱盐水解，溶液为碱性，采用酚酞作指示剂。按下式计算 NaOH 滴定液的浓度：

$$c_{NaOH} = \frac{m_{KHC_8H_4O_4}}{V_{NaOH}M_{KHC_8H_4O_4}} \times 10^3 \ (V \text{ 的单位为 mL})$$

四、实验仪器与试剂

仪器：分析天平、台秤、滴定管（50mL）、玻棒、移液管、量筒、试剂瓶（1000mL）、高温炉、表面皿、称量瓶、锥形瓶。

试剂：固体 NaOH、浓 HCl、无水碳酸钠、邻苯二甲酸氢钾酚酞指示剂（0.1%），甲基橙指示剂（0.1%）。

五、实验步骤

1. $0.1\text{mol} \cdot L^{-1}$ HCl 和 $0.1\text{mol} \cdot L^{-1}$ NaOH 溶液的配制（同本章实验二）

注意：盐酸配制 400mL 即可。

2. 计算 NaOH 溶液与 HCl 溶液的体积比

（1）由滴定管中放出碱液约 25mL 于 250mL 锥形瓶中，加入甲基橙指示剂 2 滴，此时溶液呈黄色，静置 1 分钟，准确记录碱式滴定管中的最终读数。

（2）由酸式滴定管将酸液滴入装有碱液的 250mL 锥形瓶中，不断摇动锥形瓶，使溶液混匀，将近终点时，用洗瓶中蒸馏水淋洗锥形瓶内壁，把溅起附着在内壁上的溶液冲下。继续从滴定管中滴入 HCl 溶液，直至溶液恰至橙色，即为终点，准确记录酸式滴定管的最终读数。

（3）重复上述操作两次，计算 NaOH 溶液与 HCl 溶液的体积比。

3. 盐酸溶液的标定

（1）Na_2CO_3 基准物质溶液的配制

用差减法准确称取于 270~300℃ 高温炉中灼烧至恒重的基准试剂无水碳酸钠 1.2~1.3g，置于洁净的 150mL 烧杯中，加甲基橙指示剂 2 滴，加 80mL 蒸馏水，用玻棒小心搅拌，使之溶解，然后用玻棒引流将溶液转移入 250mL 容量瓶中，再用少量蒸馏水淋洗烧杯 2~3 次，每次淋洗液均转移入容量瓶中，再加蒸馏水至接近容量瓶刻度标线，用滴管小心加入蒸馏水至刻度标线，盖紧瓶盖，充分摇匀。

（2）盐酸溶液的标定

取 25mL 移液管，用少量上述准确配制的碳酸钠基准物质溶液润洗 2~3 次后，吸取碳酸钠溶液 25.00mL 置于锥形瓶中，加甲基橙指示剂 2 滴，均匀混合。从滴定管中将 HCl 溶液滴入锥形瓶中，不断振摇，滴定近终点时，用洗瓶冲洗容器内壁，然后再继续滴加 HCl 溶液，滴至锥形瓶中溶液由黄色恰变为橙色，静置 1min，记录滴定管最终读数，前后两次读数之差即为滴定时所耗 HCl 溶液的体积，重复两次（两次滴定中，耗用 HCl 的体积相差不超过 0.05mL），分别计算出盐酸的浓度。

由 HCl 溶液和 NaOH 溶液体积比，以及 HCl 溶液的浓度，计算 NaOH 溶液的准确浓度（剩余 NaOH 溶液保留至下次做食醋总酸度的测定）。

4. NaOH 溶液的标定

用差减法精密称取在 105~110℃ 干燥至恒重的基准物邻苯二甲酸氢钾 3 份，每份约 0.4~0.6g，分别置于 250mL 锥形瓶中，各加蒸馏水 50mL，使之完全溶解。加酚酞指示剂 2 滴，加 100mL 蒸馏水，用待标定的 NaOH 溶液滴定至溶液呈微红色，且 30 秒不褪色即可。平行测定三次，根据消耗 NaOH 溶液的体积，计算 NaOH 的浓度和相对平均偏差。

六、注意事项

1. 注意甲基橙、酚酞指示剂颜色变化情况。
2. 移液管和滴定管要读到小数点后两位。

七、数据记录与处理

1. 记录差减法称取基准物无水碳酸钠的质量。
2. 记录消耗 HCl 的体积。

项目	1	2	3
$m_{Na_2CO_3}/g$			
V_{HCl}/mL（终点）			
$\Delta V_{HCl}/mL$			
$c_{HCl}/(mol \cdot L^{-1})$			
$\bar{c}_{HCl}/(mol \cdot L^{-1})$			
$d_i = c_{HCl} - \bar{c}_{HCl}$			
$\bar{d} = \frac{1}{n}\sum |d_i|$			
$\bar{d}_r = \frac{\bar{d}}{\bar{x}} \times 100\%$			

八、思考题与问题讨论

1. 配制 NaOH 溶液时，用台秤称取固体 NaOH 是否会影响浓度的准确度？用量筒量取 500mL 蒸馏水是否会影响浓度的准确度？为什么？
2. 为什么称取基准物邻苯二甲酸氢钾每份约 0.4～0.6g？

实验五　食醋中总酸度的测定

一、实验项目风险评估

1. 化学品危害

强酸和强碱具有刺激性（危害性同本章实验四）；甲基橙、酚酞属危化品（危害性同本章实验三）。

2. 操作风险

食醋是一种酸性液体，总酸度测定实验中使用到氢氧化钠等化学品。氢氧化钠具有腐蚀性，操作过程中需小心操作，避免化学品直接接触皮肤和眼睛。确保操作在通风良好的实验室中进行，并配备必要的个人防护装备。操作人员需要小心操作，避免化学物质溅洒造成伤害。总酸度测定实验需要准确的体积计量、溶液调配和操作技巧，在操作中需要谨慎操作，避免误操作引发风险或实验结果不准确。实验结束后所产生的废液需要正确处理。废液应按照实验室的废弃物处理规定进行处理，避免对环境造成污染或危害。

二、实验目的

1. 掌握强碱滴定弱酸的滴定方法。
2. 熟练掌握滴定管、容量瓶和移液管的使用方法和滴定操作技术。
3. 掌握食醋中醋酸含量的测定原理。

三、实验原理

1. NaOH 的标定

NaOH 易吸收水分及空气中的 CO_2，不能用直接法配制标准溶液。需先配成近似浓度的溶液（通常为 $0.1\text{mol} \cdot \text{L}^{-1}$），然后用基准物质标定。

邻苯二甲酸氢钾和草酸常用作标定碱的基准物质。邻苯二甲酸氢钾与氢氧化钠反应时物质的量之比为 1:1。

$$c_{\text{NaOH}} = m/(M \times V_{\text{NaOH}}) \quad (V_{\text{NaOH}} \text{ 的单位为 L})$$

2. 醋酸含量测定

食醋中含有多种有机酸如乙酸、酒石酸、乳酸等，其中最主要的成分是乙酸，食醋中一般含有 3%～5% 的乙酸。在实际工作中食醋的总酸度是以每 100mL 食醋中所含乙酸的质量来表示的，单位是 g/100mL，用以检验食品的质量。

本实验以酚酞为指示剂，用 NaOH 标准溶液滴定，可测出食醋中总酸度。

$$c_{\text{HAc}} = c_{\text{NaOH}} \times V_{\text{NaOH}} / V_{\text{HAc}}$$

反应产物为 NaAc，为强碱弱酸盐，则终点时溶液的 pH>7，所以用酚酞作为指示剂。

四、实验仪器与试剂

仪器：容量瓶、碱式滴定管、移液管、锥形瓶、烧杯。

试剂：NaOH 溶液、食醋（市售）、酚酞指示剂（0.1%）。

五、实验步骤

1. NaOH 溶液的配制及标定（同本章实验二）。

注意：NaOH 溶液配制 400mL 即可。

2. 食醋中醋酸含量测定

吸取 25.00mL 食醋（市售）于 250mL 容量瓶中，定容。准确移取 25.00mL 稀释后的食醋于 250mL 锥形瓶，加入 10~15mL H_2O、1~2 滴酚酞指示剂，摇匀，用已标定的 NaOH 标准溶液滴定至溶液呈微红色，30 秒内不褪色，即为终点。平行测定三份，计算食醋中醋酸含量（g/100mL）。

六、数据记录与处理

1. NaOH 的标定

项目	1	2	3
邻苯二甲酸氢钾质量/g			
V_{NaOH}/mL			
c_{NaOH}/(mol·L^{-1})			
NaOH 的平均浓度/(mol·L^{-1})			
$\bar{d}_r = \dfrac{\bar{d}}{\bar{x}} \times 100\%$			

2. 食醋中醋酸含量

项目	1	2	3
移取食醋的体积/mL	25.00	25.00	25.00
V_{NaOH}/mL			
醋酸含量/(g/100mL)			
醋酸含量平均值/(g/100mL)			

七、思考题与问题讨论

1. 移液管使用有哪些注意事项？
2. 容量瓶应如何使用？

实验六　EDTA 溶液的配制与标定

一、实验项目风险评估

1. 化学品危害

EDTA 二钠盐、HCl、钙指示剂、Mg^{2+} 溶液、NaOH 均属于危化品。注意强酸和强碱的规范使用。

2. 操作风险

EDTA 是一种螯合剂，可与金属离子形成稳定的配位化合物。在配制 EDTA 溶液的过程中，操作人员需注意防止化学品直接接触皮肤和眼睛，避免吸入粉尘，确保在通风良好的实验室条件下进行操作。EDTA 溶液可能具有刺激气味，需要避免接触到皮肤和黏膜，确保操作在通风良好的实验室环境下进行。在配制 EDTA 溶液的过程中，需要准确称量和配制溶液，溶解度可能会受到温度、溶剂等因素的影响。操作人员需要仔细操作，避免因配制不准确导致实验结果不准确。在标定 EDTA 溶液的过程中，操作人员需熟练掌握操作技巧，避免因操作不当造成液体的溢出或浪费。实验结束后所产生的废液需要正确处理。废液应按照实验室的废弃物处理规定进行处理，避免对环境造成污染或危害。

二、实验目的

1. 了解 EDTA 标准溶液的标定原理。
2. 掌握用碳酸钙标定 EDTA 的方法。
3. 学习钙指示剂的使用。

三、实验原理

EDTA 标准溶液的标定：EDTA 常因吸附约 0.3% 的水分和其中含有少量杂质而不能直接用作标准溶液。EDTA 难溶于水，在分析中常使用其二钠盐配制标准溶液，通常先将 EDTA 配成所需要的大概浓度，然后用基准物质标定。用于标定 EDTA 的基准物质有金属（如 Cu、Zn、Ni、Pb 等）或者是某些盐（如 $ZnSO_4 \cdot 7H_2O$、$MgSO_4 \cdot 7H_2O$、$CaCO_3$ 和硝酸铅等），通常选用其中与被测组分相同的物质作基准物，这样，滴定条件一致，可减少误差。

本实验配制的 EDTA 标准溶液用于实验七中测定水中的 CaO、MgO，所以选用 $CaCO_3$ 作为基准物。首选加入 HCl，其反应为 $CaCO_3 + 2HCl == CaCl_2 + CO_2 + H_2O$，把溶液转移到容量瓶中稀释，制成钙标准溶液。吸取一定量钙标准溶液，调节酸度至 pH≥12，用钙指示剂，以 EDTA 溶液滴定至溶液由酒红色变纯蓝色，即为终点，其变色原理如下：

当 pH≥12 时：　　　　$HInd^{2-} + Ca^{2+} \longrightarrow CaInd^- + H^+$
　　　　　　　　　　　（纯蓝色）　　　　　　（酒红色）

　　　　　　　$CaInd^- + H_2Y^{2-} + OH^- \longrightarrow CaY^{2-} + HInd^{2-} + H_2O$
　　　　　　　（酒红色）　　　　　　　　　　　　（无色）　（纯蓝色）

测定单独存在的 Ca^{2+} 时，常常加入少量 Mg^{2+} 使滴定终点更敏锐。

四、实验仪器与试剂

仪器：酸式滴定管、容量瓶、分析天平、移液管、锥形瓶、烧杯。

试剂：EDTA 二钠盐、$CaCO_3$（分析纯）、HCl（1∶1）溶液、钙指示剂、Mg^{2+} 溶液、10％ NaOH 溶液。

五、实验步骤

1. $0.01 mol·L^{-1}$ EDTA 标准溶液的配制

用台秤称取 1.5g EDTA 于 250mL 烧杯中，用温水溶解后，稀释至 400mL，摇匀，存放于塑料瓶中。

2. EDTA 标准溶液的标定

（1）$0.01 mol·L^{-1}$ 标准钙溶液的配制

准确称取 0.25~0.3g 碳酸钙于小烧杯中，盖上表面皿，加去离子水润湿，再从杯嘴边滴加（为什么？）数毫升 1∶1 HCl 至完全溶解，用去离子水把可能溅到表面皿上的溶液淋洗入杯中，完全转移到 250mL 容量瓶中，稀释至刻度，摇匀。

（2）标定 EDTA 溶液

用移液管移取 25.00mL 标准钙溶液，置于锥形瓶中，加入约 25mL 水、2mL 镁离子溶液、5mL 10％ NaOH 溶液及 10mg（绿豆大小）钙指示剂，摇匀后，用 EDTA 溶液滴定至由红色变至蓝色，即为终点，记录消耗 EDTA 溶液的体积，计算 EDTA 溶液的标准浓度。

六、数据记录与处理

项目	1	2	3
$CaCO_3$ 的质量/g			
移取标液体积/mL	25.00	25.00	25.00
EDTA 溶液体积/mL			
EDTA 溶液浓度/$(mol·L^{-1})$			
EDTA 溶液平均浓度/$(mol·L^{-1})$			
相对偏差/％			
相对平均偏差/％			

七、思考题与问题讨论

1. 为什么配位滴定时滴定速度要慢？配位滴定与酸碱滴定有何不同？

2. 以碳酸钙为基准物，以钙指示剂为指示剂，标定 EDTA 溶液浓度的原理是什么？溶液 pH 控制在什么范围？溶液酸度如何调整？

实验七　水的硬度测定

一、实验项目风险评估

1. 化学品危害

NaOH、三乙醇胺、NH_3-NH_4Cl、钙指示剂、铬黑 T 指示剂均属于危化品。三乙醇胺具有吸湿性、刺激性、可燃、低毒，避免与氧化剂、酸类接触。

2. 操作风险

操作人员需注意防止化学品直接接触皮肤和眼睛，确保在通风良好的实验室条件下进行操作。水的硬度测定过程中可能需要调节溶液的酸碱度，操作人员需要小心操作，避免溶液溅洒或误操作引发危险。实验结束后产生的废液应妥善处理。

二、实验目的

1. 了解水硬度的含义及其表示方法。
2. 掌握 EDTA 配位滴定法测定水硬度的原理和方法。
3. 学习铬黑 T 和钙指示剂的应用。

三、实验原理

水的硬度反映水中钙、镁含量的多少。硬度又可区分为暂时硬度和永久硬度。当钙、镁以碳酸氢盐形式存在于水中时，此时产生的硬度称暂时硬度，因碳酸氢盐受热时会发生分解，生成沉淀而去硬。

$$Ca(HCO_3)_2 \longrightarrow CaCO_3(完全沉淀) + H_2O + CO_2$$
$$Mg(HCO_3)_2 \longrightarrow MgCO_3(沉淀不完全) + H_2O + CO_2$$
$$\longrightarrow Mg(OH)_2 + CO_2 \uparrow$$

而当钙、镁以硫酸盐、氯化物和硝酸盐等形式存在时，由于它们在受热时不会生成沉淀而去硬，故由此产生的硬度就称为永久硬度。暂时硬度和永久硬度的综合称为总硬度。另外，由镁离子产生的硬度称为"镁硬"，而由钙离子产生的硬度称为"钙硬"，测定水的总硬度就是测定水中钙、镁的总量，可用 EDTA 配位滴定法测定。在 pH=10.0 的氨性缓冲溶液中，以铬黑 T 为指示剂，用三乙醇胺掩蔽 Fe^{3+}、Al^{3+} 等干扰离子，用 Na_2S 掩蔽 Cu^{2+}、Pb^{2+}、Zn^{2+} 等重金属离子，用 EDTA 标准溶液滴定，由 EDTA 的消耗量及浓度可计算出水的总硬度。

水硬度表示方法：$I°$＝十万份水中含 1 份 CaO，$I°$＝10ppmCaO

$$硬度(°)=(cV)_{EDTA}M_{CaO}×10^5/1000 \quad (体积的单位为 mL)$$

德国硬度（°d）是每度相当于 1L 水中含有 10mg CaO，相关反应：

pH＝10 时： Ca^{2+}，Mg^{2+}＋Y $\longrightarrow$ CaY，MgY

pH 为 12～13 时：Mg^{2+}＋2OH $\longrightarrow$ $Mg(OH)_2$（s），Ca^{2+}＋Y $\longrightarrow$ CaY

四、实验仪器与试剂

仪器：酸式滴定管、容量瓶、移液管、锥形瓶、烧杯等。

试剂：水样、NaOH 溶液（40g·L^{-1}）、三乙醇胺（20％）、缓冲溶液 NH_3-NH_4Cl、钙指示剂、铬黑 T 指示剂。

五、实验步骤

1. 0.01mol·L^{-1} EDTA 溶液的配制和标定（同实验六）

2. 水样硬度的测定

（1）Ca^{2+}、Mg^{2+} 总量的测定

用移液管移取水样 100.00mL，（必要时加掩蔽剂三乙醇胺掩蔽 Fe^{3+}、Al^{3+}），加入 10mL NH_3-NH_4Cl 缓冲溶液和 30mg（约绿豆大小）铬黑 T，用 EDTA 标准溶液滴定至溶液由酒红色变成纯蓝色为终点。记录 EDTA 的用量 V_1(mL)，平行滴定 3 次。

（2）Ca^{2+} 含量的测定

另取水样 100.00mL，加入 5mL 40g·L^{-1} NaOH 溶液、30mg 钙指示剂，用 EDTA 标准溶液滴定至由酒红色变成纯蓝色为终点。记录 EDTA 的用量 V_2(mL)，平行滴定 3 次。

六、注意事项

1. 配位反应较慢，EDTA 溶液滴加速度不能太快。特别是近终点时，必须逐滴加入并充分振荡、摇匀。

2. 指示剂用量对终点观察有影响，要选择合适用量。

七、数据记录与处理

项目	1	2	3
水样/mL			
EDTA 溶液的体积 V_1/(mol·L^{-1})			
水样的总硬度/(°)			
水样的平均总硬度/(°)			

续表

项目	1	2	3
相对偏差/%			
相对平均偏差/%			

八、思考题与问题讨论

1. 什么叫水的总硬度？怎样计算水的总硬度？

2. 为什么滴定 Ca^{2+}、Mg^{2+} 时，要控制 pH=10，而滴定 Ca^{2+} 时，要控制 pH 为 12~13？若在 pH>13 时测定 Ca^{2+}，对结果有何影响？

实验八 蛋壳中钙含量的测定

一、实验项目风险评估

1. 化学品危害

HCl 溶液、三乙醇胺、NH_3-NH_4Cl、NaOH、EDTA 二钠盐均属于危化品。

2. 操作风险

在实验过程中可能需要处理蛋壳及其研磨物，操作人员需小心操作，避免刺伤。在蛋壳中钙含量测定实验中可能会使用到酸和其他化学试剂，如盐酸等，操作人员需避免化学品直接接触皮肤和眼睛，避免吸入有害气体，确保实验室通风良好。实验结束后所产生的废弃物需要正确处理。

二、实验目的

1. 掌握 EDTA 标准溶液的配制及标定。
2. 掌握铬黑 T 和钙指示剂的应用，了解金属指示剂的特点。
3. 掌握 EDTA 法测定蛋壳中钙含量的原理和方法。

三、实验原理

蛋壳主要成分是 $CaCO_3$（含量高达 93%~95%），其次是 $MgCO_3$、蛋白质、色素，以及少量 Fe、Al。蛋壳有极大的综合利用价值。

当 pH≥12 时，用钙指示剂，EDTA 滴定可直接测定 Ca^{2+} 的总量，为了提高配位选择性，加入掩蔽剂三乙醇胺使之与 Fe^{3+}、Al^{3+} 等离子生成更稳定的配位化合物，排

除它们对 Ca^{2+}、Mg^{2+} 的干扰。在 pH＝10 时，用铬黑 T 作指示剂，EDTA 滴定可直接测定 Ca^{2+}、Mg^{2+} 的总量。

四、实验仪器和试剂

仪器：分析天平、超声仪、容量瓶、锥形瓶、烧杯、酸式滴定管。

试剂：HCl 溶液（1∶1）、三乙醇胺（1∶2）、缓冲溶液 NH_3-NH_4Cl（pH＝10）、NaOH（10%）EDTA 二钠盐、$CaCO_3$（分析纯）。

五、实验步骤

1. 蛋壳的预处理

先将蛋壳洗净，加水煮沸 5～10min，去除蛋壳内表层的蛋白薄膜，然后把蛋壳放入烧杯中，干燥箱 105℃ 下烘干，研成粉末，放入称量瓶中置干燥器内。

2. 试样的溶解及试液的制备

准确称取 0.25～0.3g 的蛋壳粉，置于烧杯中，加入少量水，盖上表面皿，从烧杯嘴处小心滴加 HCl（1∶1）溶液 5mL，把烧杯放置于超声仪中反应 2h（工作 20min，歇 10min，依次循环），待蛋壳粉完全溶解后，停止反应。

3. 0.01mol/L EDTA 的配制与标定（同本章实验六）

4. 蛋壳中钙含量的测定

用移液管吸取 25.00mL 试液置于 250mL 锥形瓶中（取三份），分别加入去离子水 20mL、三乙醇胺 5mL，摇匀，再加入 NaOH 溶液 10mL，加入少许钙指示剂，摇匀后，用 EDTA 标准溶液滴定至溶液由酒红色恰变成蓝色，即达终点，根据 EDTA 消耗的体积计算 Ca^{2+} 的含量，以 $CaCO_3$ 含量表示。

5. 蛋壳中钙、镁总量的测定

用移液管吸取试液 25.00mL 置于 250mL 锥形瓶中，分别加入去离子水 20mL、三乙醇胺 5mL，摇匀，再加入 NH_3-NH_4Cl 缓冲溶液 15mL，放入少许铬黑 T 指示剂，摇匀后，用 EDTA 标准溶液滴定至溶液由酒红色变成纯蓝色，即达到终点，根据 EDTA 消耗的体积计算钙、镁总量，以 $CaCO_3$ 的含量表示。

计算公式：
$$w_{CaCO_3} = \frac{(cV)_{EDTA} M_{CaCO_3} \times 10^{-3}}{m_{蛋壳粉} \times \frac{25}{250}} \times 100\%$$

六、注意事项

1. 蛋壳内的膜要去除。

2. 配位反应速率较慢，EDTA 溶液滴加速度不能太快。特别是近终点时，必须逐滴加入并充分振荡、摇匀。

七、数据记录与处理

项目	1	2	3
蛋壳粉/mL			
EDTA 溶液的体积 V_1/L			
蛋壳粉的总硬度(°)			
蛋壳粉的平均总硬度(°)			
相对偏差/%			
相对平均偏差/%			

八、思考题与问题讨论

1. 样品如何预处理？
2. 如何测定蛋壳中钙、镁的总量？

实验九　硫代硫酸钠溶液的配制与标定

一、实验项目风险评估

1. 化学品危害

$Na_2S_2O_3$、Na_2CO_3、$K_2Cr_2O_7$ 均属于危化品。$K_2Cr_2O_7$ 属于强氧化剂，与有机物接触摩擦、撞击能引起燃烧，应急处理人员戴自给正压式呼吸器，穿防毒服。勿使泄漏物与有机物、还原剂、易燃物或金属粉末接触。

2. 操作风险

硫代硫酸钠溶液的配制和标定中可能会有产生有害气体、溶液溅洒等危险。操作人员应注意佩戴防护眼镜、手套等个人防护装备，避免直接接触皮肤和眼睛，避免吸入有害气体。硫代硫酸钠溶液可能对皮肤和眼睛有刺激作用，操作人员在配制和使用过程中需要小心操作，避免溶液溅洒导致皮肤灼伤或眼睛受伤。实验后产生的废液需要正确处理。

二、实验目的

1. 掌握 $Na_2S_2O_3$ 溶液的配制方法。
2. 掌握标定 $Na_2S_2O_3$ 溶液浓度原理和方法。
3. 了解淀粉指示剂的作用原理。

三、实验原理

$Na_2S_2O_3$ 不稳定，容易分解，要求用新鲜蒸馏水配制，并保持溶液的 pH=9～10（加入 Na_2CO_3 至 0.02％浓度），用 $K_2Cr_2O_7$ 标定 $Na_2S_2O_3$ 溶液：

$$6I^- + Cr_2O_7^{2-} + 14H^+ =\!=\!= 2Cr^{3+} + 3I_2 + 7H_2O$$

生成的 I_2 用 $Na_2S_2O_3$ 标准溶液滴定，以淀粉为指示剂，滴定至溶液的蓝色刚好消失即为终点。

$$I_2 + 2S_2O_3^{2-} =\!=\!= 2I^- + S_4O_6^{2-}$$

$$Cr_2O_7^{2-} + 6I^- + 14H^+ =\!=\!= 2Cr^{3+} + 3I_2 + 7H_2O$$

$$I_2 + 2S_2O_3^{2-} =\!=\!= 2I^- + S_4O_6^{2-}$$

所以 1mol $Cr_2O_7^{2-}$ 相当于 6mol $S_2O_3^{2-}$：

$$c_{Na_2S_2O_3} = \frac{6(c \times V)_{K_2Cr_2O_7}}{V_{Na_2S_2O_3}}$$

四、实验仪器与试剂

仪器：分析天平、碱式滴定管、容量瓶、锥形瓶、烧杯。

试剂：$Na_2S_2O_3$（s）、Na_2CO_3（s）、$K_2Cr_2O_7$（分析纯）、HCl（3mol·L^{-1}）、KI 溶液（10％）、淀粉溶液（0.1％）。

五、实验步骤

1. 0.05mol·L^{-1} $Na_2S_2O_3$ 溶液配制

用台秤称取研磨好的 $Na_2S_2O_3·5H_2O$ 约 5.0g，溶于适量新煮沸并已冷却的水中，加 0.1g 左右（约 1 匙尖）碳酸钠后，加水稀释至 400mL。贮存在细口瓶中，并放置 1～2 周后标定。

2. $Na_2S_2O_3$ 溶液的标定

（1）用分析天平准确称取 $K_2Cr_2O_7$ 固体 0.5～0.7g 于烧杯中，加适量水使其溶解，定量转入 250mL 容量瓶中，用水稀释至刻度，摇匀。

（2）移取 25.00mL $K_2Cr_2O_7$ 溶液于碘量瓶中，加入 5mL 3mol·L^{-1} HCl、10mL 10％ KI 溶液，于暗处放置 5min，加蒸馏水 40mL，用待标定的 $Na_2S_2O_3$ 溶液由暗红色滴定至黄绿色时，加入 3mL 淀粉溶液，溶液为纯蓝色，继续滴定至亮绿色，即为终点。注意边滴边摇匀，速度要慢。平行标定 3 次，计算 $Na_2S_2O_3$ 溶液的准确浓度。

六、注意事项

1. 碘容易挥发，反应过程要及时盖好瓶口，并放置暗处。
2. 溶液不要过早稀释。

3. 加淀粉不能太早,否则不易观察终点。

七、数据记录与处理

$K_2Cr_2O_7$ 的质量 $m_{K_2Cr_2O_7}=$ _____ g。

项目	1	2	3
$K_2Cr_2O_7$ 的体积 V_1/mL			
$Na_2S_2O_3$ 的体积 V_2/mL			
$Na_2S_2O_3$ 的浓度 $c/(mol \cdot L^{-1})$			
$Na_2S_2O_3$ 的平均浓度 $c/(mol \cdot L^{-1})$			
相对偏差/%			
相对平均偏差/%			

八、思考题与问题讨论

1. 实验中加入 KI 的作用是什么?

2. 为什么硫代硫酸钠不能直接用于配制标准溶液?为什么要放置数日后才可进行标定?

实验十 碱式碳酸铜中铜含量的测定

一、实验项目风险评估

1. 化学品危害

KI、$Na_2S_2O_3$、NH_4SCN、H_2SO_4、碱式碳酸铜均属于危化品。NH_4SCN 有毒,有刺激性,对眼睛、皮肤有刺激作用,误服而导致中毒,引起恶心、呕吐、腹痛、腹泻、血压降低等。

2. 操作风险

在实验过程中可能使用到碱性溶液、铜盐、酸等化学品,可能有刺激性或有害性,操作人员需注意防护。在实验过程中可能产生有害气体,需要保持实验室通风良好,避免吸入有害气体。可能需要使用挥发性物质,需小心处理防止挥发蒸气对身体产生危害。对于实验结束后所产生的废物,操作人员应严格按照实验室废弃物处理规定进行处理,避免给环境带来污染。

二、实验目的

掌握间接碘量法测铜的原理和方法。

三、实验原理

在弱酸性介质中，Cu^{2+} 与过量 I^- 反应定量析出 I_2：

$$2Cu^{2+} + 4I^- =\!=\!= 2CuI(白色) + I_2$$
$$I_2 + I^- =\!=\!= I_3^-$$

以淀粉为指示剂，用 $Na_2S_2O_3$ 标准溶液滴定析出的 I_2，就可测定铜的含量，滴定反应为：

$$I_2 + 2S_2O_3^{2-} =\!=\!= 2I^- + S_4O_6^{2-}$$

Cu^{2+} 与 I^- 的反应为可逆反应。为使反应定量进行，必须加入过量 KI，由于 CuI 沉淀对 I_2 有强烈的吸附作用，会导致结果偏低。故加入硫氰酸盐使 CuI 沉淀（$K_{sp} = 1.1 \times 10^{-12}$）转化为溶解度更小的 CuSCN 沉淀（$K_{sp} = 4.8 \times 10^{-15}$），从而释放出吸附的 I_2，使滴定结果更准确。但应注意硫氰酸盐不能加入过早，只能在临近终点时加入，否则可能发生如下反应而使测定结果偏低：

$$4I_2 + SCN^- + 4H_2O =\!=\!= SO_4^{2-} + 7I^- + ICN^- + 8H^+$$

溶液 pH 值一般宜控制在 3.0～4.0。酸度过低，Cu^{2+} 水解，使反应不完全，结果偏低，而且反应速度变慢，终点拖长；酸度过高，则促进空气氧化 I^- 为 I_2，又会导致结果偏高。大量 Cl^- 能与 Cu^{2+} 形成配合物，而配合物中的 Cu（Ⅱ）不易被 I^- 定量还原，因此，最好用硫酸而不用盐酸（少量盐酸无影响）。

四、实验仪器与试剂

仪器：电子天平、酸式滴定管、容量瓶、碘量瓶、烧杯。

试剂：KI 固体、$Na_2S_2O_3$ 标准溶液、淀粉溶液 0.2%、10% NH_4SCN、$1mol \cdot L^{-1}$ H_2SO_4 溶液、碱式碳酸铜（固体）。

五、实验步骤

1. $0.05mol \cdot L^{-1}$ $Na_2S_2O_3$ 溶液的配制与保存条件（同本章实验九）

2. $Na_2S_2O_3$ 溶液的标定

（1）准确称取 0.5～0.7g $K_2Cr_2O_7$ 于烧杯中，加入 80mL 蒸馏水溶解，稀释，定容至 250mL 容量瓶中，摇匀。

（2）用移液管移取 25.00mL $K_2Cr_2O_7$ 溶液于碘量瓶中，加入 5mL 盐酸与 2g KI 在暗处反应 5min。再加入 100mL 蒸馏水进行稀释，用 $Na_2S_2O_3$ 溶液进行标定，溶液由暗红色变至黄绿色，这时加入 2mL 淀粉溶液，再用 $Na_2S_2O_3$ 溶液滴定，待溶液由黄绿色恰变成纯蓝色，即为终点，记录消耗的 $Na_2S_2O_3$ 溶液的体积，平行测定三次，要求最大值减去最小值不超过 0.05mL，计算 $Na_2S_2O_3$ 准确浓度。

3. 铜含量的测定

准确称取 0.2～0.25g $Cu_2(OH)_2CO_3$ 于碘量瓶中，加入 2mL 浓 H_2SO_4，放出气体，溶液变成蓝色，向溶液中加入 2g KI 与 25mL 蒸馏水，使溶液变成土黄色沉淀，继续用 $Na_2S_2O_3$ 溶液滴定至浅黄色，这时加入 2mL 淀粉，溶液呈深蓝色，继续滴定，溶液颜色变浅，这时加入 10mL 10% KSCN 溶液，继续滴定，溶液浅蓝色消失，变成米色或肉红色，即为终点，记录消耗 $Na_2S_2O_3$ 的体积，平行三次，要求最大值减去最小值不超过 0.05mL，计算铜的含量。

六、注意事项

1. 溶解 $Cu_2(OH)_2CO_3$ 溶液时要用硫酸而不能用盐酸。
2. 测铜含量时，终点前加入淀粉指示剂和 KSCN 溶液。

七、数据记录与处理

$Cu_2(OH)_2CO_3$ 的质量为_____g。

项目	1	2	3
$Cu_2(OH)_2CO_3$ 的体积/$(g\cdot L^{-1})$			
$Na_2S_2O_3$ 的体积 V_2/mL			
碱式碳酸铜中铜含量/%			
碱式碳酸铜中铜含量平均值/%			
相对偏差/%			
相对平均偏差/%			

八、思考题与问题讨论

1. 碘量法测铜时，为什么要在弱酸介质中进行？
2. 碘量法测铜时，为什么要在终点前加入淀粉溶液和 KSCN 溶液？

实验十一 双指示剂法测定混合碱样的含量

一、实验项目风险评估

1. 化学品危害

HCl、甲基橙、酚酞、NaOH 和 Na_2CO_3 均属于危化品。

2. 操作风险

酚酞和甲基橙都是化学指示剂，但仍需注意避免直接接触皮肤、呼吸或误食。另外，使用氢氧化钠或盐酸等化学试剂，操作人员需要小心处理，避免皮肤接触到这些化学品。酚酞是一种光敏指示剂，容易受光照射而分解，因此操作时需要避免暴露在强光下。混合碱样中可能含有多种化学品，这可能导致化学反应产生有害气体或物质，需小心操作，避免直接接触或吸入有害气体。实验结束后所产生的废弃物需要正确处理。

二、实验目的

1. 掌握测定混合碱中 NaOH 和 Na_2CO_3 含量的原理和方法。
2. 了解双指示剂操作原理。

三、实验原理

碱液易吸收空气中 CO_2 形成 Na_2CO_3，苛性碱中往往含有 Na_2CO_3，成为混合碱。工业产品碱液中 NaOH 和 Na_2CO_3 的含量，可在同一份试液中用两种不同的指示剂分别测定，此种方法称为双指示剂法。

测定时，混合碱中 NaOH 和 Na_2CO_3，是用 HCl 标准溶液滴定的，其反应式如下：

$$NaOH + HCl = NaCl + H_2O$$

$$Na_2CO_3 + HCl = NaHCO_3 + NaCl$$

$$NaHCO_3 + HCl = NaCl + CO_2 + H_2O$$

可用酚酞及甲基橙来分别指示滴定终点，当酚酞变色时 NaOH 已全部被中和，而 Na_2CO_3 只被滴定到 $NaHCO_3$，即只中和了一半。在此溶液中再加甲基橙指示剂，继续滴定到终点，则生成的 $NaHCO_3$ 进一步中和为 CO_2。

设酚酞变色时，消耗 HCl 溶液的体积为 V_1，此后，至甲基橙变色时又用去 HCl 溶液的体积为 V_2，则 V_1 必大于 V_2。根据 $V_1 - V_2$ 来计算 NaOH 含量，再根据 $2V_2$ 计算 Na_2CO_3 含量。

计算公式：

$$w_{NaOH} = \frac{c_{HCl} \times (V_1 - V_2) \times M_{NaOH}}{25.00}$$

$$w_{Na_2CO_3} = \frac{c_{HCl} \times V_2 \times M_{Na_2CO_3}}{25.00}$$

四、实验仪器与试剂

仪器：酸式滴定管（50mL）、锥形瓶（250mL）、移液管（25mL）、容量瓶（250mL）、量筒（50mL）、洗耳球、洗瓶。

试剂：HCl 标准溶液（0.1mol·L^{-1}）、甲基橙指示剂（0.2%）、酚酞指示剂（0.2%）、混合碱液。

五、实验步骤

用移液管吸取混合碱液的试液 25.00mL 三份，分别置于 250mL 锥形瓶中，加 25mL 蒸馏水，再加 1~2 滴酚酞指示剂，用 HCl 标准溶液滴定至溶液由红色刚变为无色，即第一终点，记下用去 HCl 的体积 V_1，然后加入 2 滴甲基橙指示剂于此溶液中，继续用 HCl 标准溶液定，直至溶液出现橙色，即为第二终点，记下用去 HCl 的体积 V_2，根据 V_1 和 V_2 体积，计算混合碱中 NaOH 和 Na_2CO_3 的质量分数。

六、数据记录与处理

记录项目	平行测定次数		
	1	2	3
混合碱的体积/mL		25.00	
V_1/mL			
V_2/mL			
w_{NaOH}/(g·L^{-1})			
w_{NaOH} 平均值/(g·L^{-1})			
相对平均偏差/%			
$w_{Na_2CO_3}$/(g·L^{-1})			
$w_{Na_2CO_3}$ 平均值/(g·L^{-1})			
相对平均偏差/%			

七、思考题与问题讨论

1. 什么叫双指示剂法？

2. Na_2CO_3 和 $NaHCO_3$ 的混合碱中各成分的含量能不能用双指示剂法测定？如果可以，测定结果如何表示？

实验十二 水泥中铁、铝、钙和镁的测定

一、实验项目风险评估

1. 化学品危害

磺基水杨酸、吡啶偶氮萘酚、酸性铬蓝 K-萘酚绿 B、酸或碱均属于危化品。

2. 操作风险

样品溶解和消解强酸溶解样品可能产生大量热量和有毒气体。预防措施：逐步加

酸，控制反应温度，在通风橱内进行操作，防止气体逸散。

二、实验目的

1. 了解复杂试样的预处理。
2. 了解酸效应在配位滴定中的重要意义。
3. 了解指示剂磺基水杨酸、PAN（吡啶偶氮萘酚）和酸性铬蓝 K-萘酚绿 B 的使用。
4. 查 Fe^{3+}、Al^{3+}、Ca^{2+}、Mg^{2+} 与 EDTA 配合物的稳定常数，配位滴定时允许的最低 pH。
5. 预测在几种离子共存的体系中进行选择滴定的可能性，寻找提高配位滴定选择性的途径。

三、实验原理

在水泥中测定铁、钙、镁和铝等元素，通常采用化学分析法、X 射线荧光光谱法（XRF）、原子吸收光谱法（AAS）和电感耦合等离子体发射光谱法（ICP-OES）等方法。

化学分析法的原理：通过化学反应将样品中的各元素转化为可测定的形式，利用滴定法或重量法进行定量分析。

化学分析法步骤：

(1) 样品溶解。使用酸（如盐酸、硝酸）将水泥样品溶解。
(2) 分离和沉淀。通过化学反应分离出目标元素。
(3) 滴定或称重。利用滴定法（如 EDTA 滴定法）或重量法测定元素含量。

X 射线荧光光谱法（XRF）的原理：样品受到 X 射线照射后，各元素会发射特征的荧光 X 射线，通过测量这些荧光的强度和能量来确定元素的种类和含量。

XRF 的步骤：

(1) 样品制备。将水泥样品研磨成粉末并压片。
(2) 测量。使用 XRF 仪器测定样品。
(3) 分析。根据荧光强度和能量，计算元素含量。

原子吸收光谱法（AAS）的原理：样品中的元素在高温火焰或石墨炉中被原子化，这些原子吸收特定波长的光，吸光度与元素含量成正比。

AAS 的步骤：

(1) 样品溶解。用酸将水泥样品溶解。
(2) 测量。将溶液引入火焰或石墨炉中，测定特定元素的吸光度。
(3) 分析。根据吸光度与浓度的关系曲线，计算元素含量。

四、实验仪器与试剂

仪器：电子天平、滴定管、容量瓶、移液管、分光光度计、原子吸收光谱仪、电感耦合等离子体质谱仪（ICP-MS）、烘箱等。

试剂：水泥样品、标准溶液（包括铁、铝、钙和镁的标准溶液）、指示剂［如磺基水杨酸、PAN（吡啶偶氮萘酚）、酸性铬蓝 K-萘酚绿 B］、HAc-NaAc 缓冲溶液、NH_4Cl、浓硝酸、浓 HCl、氨水（1∶1）、EDTA 标准溶液、$CuSO_4$ 标准溶液、三乙醇胺、NaOH、钙指示剂、酒石酸钾钠、$NH_3 \cdot H_2O$-NH_4Cl 缓冲溶液。

五、实验步骤

1. 试样的溶解与分离

准确称取 0.8g 试样，加入 5～6g NH_4Cl，用平头玻棒充分搅拌均匀。用滴管加入浓 HCl 至试样全部润湿（约 4mL），再滴加 4～5 滴浓 HNO_3 搅拌均匀，并轻轻碾压块状物直至无小黑粒为止，盖上表面皿（边沿留一缝隙），放在沸水浴中加热 15min，取下。加热水约 60mL，搅拌并压碎块状物后立即用中速滤纸过滤。沉淀尽量留于原烧杯中，用热水洗涤沉淀至无 Cl^-（一般需洗 18～20 次），若不要求测定硅，则弃去沉淀。滤液及洗涤液盛于 500mL 容量瓶中冷却至室温，用水稀释至标线，摇匀，供测 Fe^{3+}、Al^{3+}、Ca^{2+}、Mg^{2+}。

2. Fe_2O_3 的测定

吸取滤液 100.00mL 两份，分别放于 400mL 烧杯中，用水稀释至 150mL，加数滴浓 HNO_3 并加热煮沸，待冷却至约 343K 时，以 1∶1 氨水调节 pH 至 2.0～2.5，加 0.5mL 10%磺基水杨酸，趁热以 0.02mol·L^{-1} EDTA 标准溶液滴定至溶液由紫红变为亮黄色为止。记下消耗 EDTA 标准溶液的体积，计算 $w_{Fe_2O_3}$。

3. Al_2O_3 的测定

在测定 Fe^{3+} 后的两份试液中，分别从滴定管放入 20mL 0.02 mol·L^{-1} EDTA 标准溶液，加热至 333～343K，保持 1～3min，滴加 1∶1 氨水至 pH 约为 4，加入 20mL HAc-NaAc 缓冲溶液（pH＝4.2），煮沸后取下冷却，加入 10 滴 0.3% PAN 指示剂，以 0.02mol·L^{-1} $CuSO_4$ 标准溶液滴定至溶液呈紫红色（临近终点时注意剧烈摇动，并慢慢滴定）。记下消耗 $CuSO_4$ 标准溶液的体积。计算 $w_{Al_2O_3}$。

4. EDTA 标准溶液与 $CuSO_4$ 标准溶液体积比（K）的测定

由滴定管准确放出 20mL 0.02 mol·L^{-1} EDTA 标准溶液，加 20mL HAc-NaAc 缓冲溶液，加热至约 353K，加 8 滴 0.3%PAN 指示剂，用 0.02mol·L^{-1} $CuSO_4$ 标准溶液滴定至紫红色为止。平行测定两份。

$$K = \frac{\text{EDTA 标准溶液体积 } V_1}{CuSO_4 \text{ 标准溶液体积 } V_2}$$

计算 EDTA 标准溶液与 $CuSO_4$ 标准溶液体积比 K。

5. CaO 的测定

用移液管吸取 25.00mL 滤液两份，分别置于 250mL 锥形瓶中，加水稀释至

125mL，加 4～5mL 1∶2 三乙醇胺（此时 pH 约 9～10），加 4～5mL 20％ NaOH 溶液，加 5～6 滴 0.5％钙指示剂。然后用 EDTA 标准溶液滴至溶液由酒红色变为纯蓝色即为终点。记下消耗 EDTA 溶液的体积。计算 w_{CaO}。

6. MgO 的测定

用移液管吸取 25.00mL 滤液两份，分别置于 250mL 锥形瓶中，加水稀释至 125mL，加 1mL 10％酒石酸钾钠溶液，4～5mL 三乙醇胺溶液，在摇动下滴加氨水调节溶液至 pH=10，加 20mL $NH_3 \cdot H_2O$-NH_4Cl 缓冲溶液（pH=10），少许酸性铬蓝 K-萘酚绿 B 混合指示剂，用 EDTA 标准溶液滴定至溶液由红色变为纯蓝色（此时测定 Ca^{2+}、Mg^{2+} 含量），记下消耗 EDTA 标准溶液的体积，计算 w_{MgO}。

六、注意事项

1. 滴定 Fe^{3+} 时应保持温度在 333K 以上，温度太低，需要有过量的 EDTA 才能使磺基水杨酸起变化，即使在 333K 以上滴定，在近终点时仍需剧烈摇动并缓慢滴定，否则易使结果偏高。

2. EDTA 滴定 Fe^{3+} 时，溶液的最高允许酸度为 pH=1.5，若 pH<1.5，则配位不完全，结果偏低。pH>3 时，Al^{3+} 有干扰，使结果偏高，一般滴定 Fe^{3+} 时的 pH 应控制在 1.5～2.5 为宜。

3. Al^{3+} 在 pH=4.3 的溶液中可能形成氢氧化铝沉淀，因此必须先加 EDTA 标准溶液，然后再加 HAc-NaAc 缓冲液。

4. 从 Al^{3+} 的条件稳定常数可知，应在 pH=4～5 时滴定 Al^{3+}。在不分离 Ca^{2+}、Mg^{2+} 的情况下，利用酸效应可以避免 Ca^{2+}、Mg^{2+}，特别是 Ca^{2+} 的干扰，滴定适宜的 pH 在 4.2 左右。

七、思考题与问题讨论

1. 叙述在 Fe^{3+}、Al^{3+}、Ca^{2+}、Mg^{2+} 共存的体系中测定各组分含量的实验原理。

2. 为什么在配位滴定法测 Fe^{3+}、Al^{3+}、Ca^{2+}、Mg^{2+} 时，必须严格控制 pH？在测定 Fe^{3+}、Al^{3+} 的 pH 时，Ca^{2+}、Mg^{2+} 会不会干扰 Fe^{3+}、Al^{3+} 的测定？

3. 请解释实验中用 EDTA 滴定 Fe^{3+} 的终点时颜色由紫红色变为亮黄色。

4. AlY^- 无色、CuY^{2-} 淡蓝色，试分析在测 Fe^{3+} 后的溶液中滴定 Al^{3+} 时，溶液颜色的变化过程。

5. 滴定 Fe^{3+}、Al^{3+} 时，应分别控制什么样的温度范围？为什么需要在热溶液中滴定？试讨论还可用哪些方法来测定水泥中的 Fe^{3+}、Al^{3+}、Ca^{2+}、Mg^{2+}。

6. 如 Fe^{3+} 的测定结果不准确，对铝的测定结果有什么影响？

7. 说明三乙醇胺、酒石酸钾钠在本实验中的作用。

8. 在测定钙镁时，为什么先加三乙醇胺，后调 pH？

第五章　物理化学实验

实验一　双液系气-液平衡相图的绘制

一、实验项目风险评估

1. 化学品危害

环己烷、乙醇均属于危化品。

2. 操作风险

在实验过程中可能涉及加热操作，存在烫伤和火灾风险。在实验中可能需要操作高压设备，存在容器爆炸或泄漏的风险。

二、实验目的

1. 测定常压下环己烷-乙醇二元系统的气液平衡数据，绘制沸点-组成相图。
2. 掌握双组分体系沸点的测定方法，通过实验进一步理解分馏原理。
3. 掌握阿贝折射仪的使用方法。

三、实验原理

两种液体物质混合而成的两组分体系称为双液系。根据两组分间溶解度的不同，可分为完全互溶、部分互溶和完全不互溶三种情况。两种挥发性液体混合形成完全互溶体系时，如果该两组分的蒸气压不同，则混合物的组成与平衡时气相的组成不同。当压力保持一定，混合物沸点与两组分的相对含量有关。

恒定压力下，根据体系对拉乌尔定律的偏差情况，真实的完全互溶双液系的气-液平衡相图（t-x）可分为以下 3 类：

(1) 一般偏差：混合物的沸点介于两种纯组分之间，如甲苯-苯体系，如图 1(a) 所示。

(2) 最大负偏差：存在一个最小蒸气压值，比两个纯液体的蒸气压都小，混合物存在着最高沸点，如盐酸-水体系，如图 1(b) 所示。

（3）最大正偏差：存在一个最大蒸气压值，比两个纯液体的蒸气压都大，混合物存在着最低沸点，如图1(c)所示。

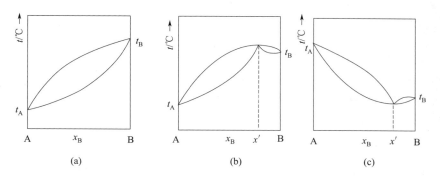

图1 二组分真实液态混合物气-液平衡相图（沸点-组成图）

后两种情况为具有恒沸点的双液系相图。它们在最低或最高恒沸点时的气相和液相组成相同，因而不能像第一类那样通过反复蒸馏的方法而使双液系的两个组分相互分离，而只能采取精馏等方法分离出一种纯物质和另一种恒沸混合物。

为了测定双液系的沸点-组成相图，需在气-液平衡后，同时测定双液系的沸点和液相、气相的平衡组成。本实验以环己烷-乙醇为体系，该体系属于上述第三种类型，在沸点仪（图2）中蒸馏不同组成的混合物，测定其沸点及相应的气、液两相的组成，即可作出沸点-组成相图。

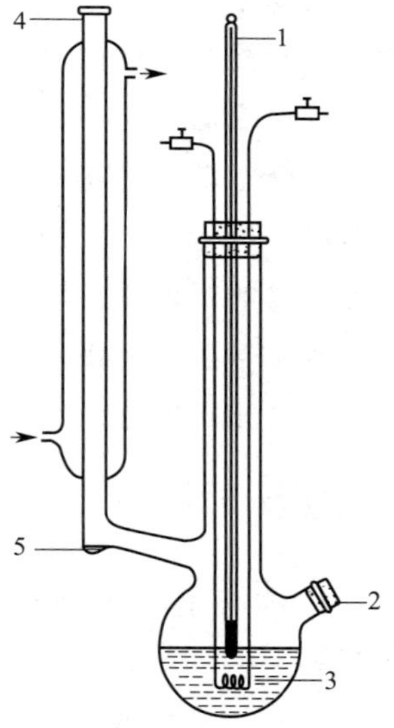

本实验中两相的成分分析均采用折光率法测定。

折射率是物质的一个特征数值，它与物质的浓度及温度有关，因此在测量物质的折射率时要求温度恒定。溶液的浓度不同、组成不同，折射率也不同。因此可先配制一系列已知组成的溶液，在恒定温度下测其折射率，作出折射率-组成工作曲线，便可通过折射率的大小在工作曲线上找出未知溶液的组成。

四、实验仪器与试剂

仪器：沸点仪、阿贝折射仪、调压变压器、超级恒温水浴、温度测定仪、长短取样管。

试剂：环己烷、乙醇。

图2 沸点仪示意图

五、实验步骤

1. 环己烷-乙醇溶液折射率与组成工作曲线的测定

调节恒温槽温度并使其稳定，阿贝折射仪上的温度稳定在某一定值，测量环己烷-

乙醇标准溶液的折射率。为了适应季节的变化，可选择若干温度测量，一般可选 25℃、30℃、35℃三个温度。

2. 无水乙醇沸点的测定

将干燥的沸点仪安装好。从侧管加入约 20mL 无水乙醇于蒸馏瓶内，并使传感器（温度计）浸入液体内。冷凝管接通冷凝水。将稳流电源调至 1.8～2.0A，使加热丝将液体加热至缓慢沸腾。液体沸腾后，待测温温度计的读数稳定后应再维持 3～5min 以使体系达到平衡。在这过程中，不时将小球中凝聚的液体倾入烧瓶。记下温度计的读数，即为无水乙醇的沸点，同时记录大气压力。

3. 环己烷沸点的测定

同步骤 2 操作，测定环己烷的沸点。测定前应注意，必须将沸点仪洗净并充分干燥。

4. 测定系列浓度待测溶液的沸点和折射率

同步骤 2 操作，从侧管加入约 20mL 预先配制好的 1 号环己烷-乙醇溶液于蒸馏瓶内，并使传感器（温度计）浸入溶液内，将液体加热至缓慢沸腾。因最初在冷凝管下端内的液体不能代表平衡气相的组成，为加速达到平衡，须连同支架一起倾斜蒸馏瓶，使槽中气相冷凝液倾回蒸馏瓶内，重复三次（注意：加热时间不宜太长，以免物质挥发），待温度稳定后，记下温度计的读数，即为溶液的沸点。

切断电源，停止加热，分别用吸管从小槽中取出气相冷凝液，用烧杯装冷水放在蒸馏瓶底部进行冷却，当其中液体冷至室温，从侧管处吸出少许蒸馏瓶内液相样品，迅速测定各自的折射率。剩余溶液倒入回收瓶。

按 1 号溶液的操作，依次测定 2、3、4、5、6、7、8 号溶液的沸点和气-液平衡时的气、液相折射率。

六、注意事项

1. 测定折射率时，动作要迅速，以避免样品中易挥发组分损失，确保数据准确。

2. 电热丝一定要被溶液浸没后方可通电加热，否则电热丝易烧断，还可能引起有机物燃烧，所以电压不能太大，加热丝上有小气泡逸出即可。

3. 注意一定要先加溶液，再加热。取样时，应注意切断加热丝电源。

4. 每次取样量不宜过多，取样管一定要干燥，不能留有上次的残液，气相部分的样品要取干净。

5. 阿贝折射仪的棱镜不能用硬物（如滴管）触及，擦拭棱镜需用擦镜纸。

七、数据记录与处理

将测定结果记于表 1 和表 2 中。

阿贝折射仪温度：_____℃　　　大气压：_____kPa
环己烷沸点：_____℃　　　无水乙醇沸点：_____℃

表 1　环己烷-乙醇标准溶液的折射率

$x_{环己烷}$	0	0.25	0.5	0.75	1.0
折射率					

表 2　环己烷-乙醇混合液测定数据

混合液编号	混合液近似组成 $x_{环己烷}$	沸点/℃	液相分析		气相冷凝液分析	
			折射率	$x_{环己烷}$	折射率	$y_{环己烷}$
1	0.1					
2	0.2					
3	0.3					
4	0.4					
5	0.5					
6	0.6					
7	0.7					
8	0.8					

1. 作出环己烷-乙醇标准溶液的折射率-组成关系曲线。
2. 根据工作曲线求出各待测溶液的气相和液相平衡组成，填入表 2 中。以组成为横轴，沸点为纵轴，绘出气相与液相的沸点-组成平衡相图。
3. 找出其恒沸点并计算恒沸组成。

八、思考题与问题讨论

1. 取出的平衡气液相样品，为什么必须在密闭的容器中冷却后方可用以测定其折射率？
2. 平衡时，气液两相温度是否应该一样？实际是否一样？对测量有何影响？
3. 如果要测纯环己烷、纯乙醇的沸点，蒸馏瓶必须洗净，而且烘干，而测混合液沸点和组成时，蒸馏瓶则不洗也不烘，为什么？
4. 如何判断气-液已达到平衡状态？
5. 为什么工业上常产生 95% 酒精？只用精馏含水酒精的方法是否可能获得无水酒精？
6. 沸点测定时有过热现象和再分馏作用，会对测量产生何种影响？
7. 绘制乙醇活度系数与摩尔分数关系曲线，由曲线可以得出什么结论？

实验二　最大气泡法测定溶液表面张力的测定

一、实验项目风险评估

1. 化学品危害

正丁醇属于危化品。

2. 操作风险

最大气泡法是一种测定溶液表面张力的常用方法，通过观察在玻璃管或毛细管中产生的气泡，测量气泡的直径和时间来计算表面张力。该实验涉及液体、玻璃仪器和实验操作，存在一定的风险。实验过程中使用玻璃器皿（如玻璃管、毛细管等），存在破碎导致割伤的风险。溶液溅出：在制备溶液和操作实验时，可能导致溶液溅出，造成烫伤或化学灼伤。

二、实验目的

1. 测定不同浓度正丁醇溶液的表面张力，计算吸附量。
2. 掌握最大气泡法测定溶液表面张力的原理和技术。
3. 了解气液界面的吸附作用，计算表面层被吸附分子的截面积及吸附层的厚度。

三、实验原理

从热力学观点来看，液体表面缩小是一个自发过程，这是使体系总自由能减小的过程，欲使液体产生新的表面 ΔS，就需对其做功，其大小应与 ΔS 成正比：

$$-W' = \sigma \times \Delta S \tag{1}$$

如果 ΔS 为 $1m^2$，则 $-W' = \sigma$，是在恒温恒压下形成 $1m^2$ 新表面所需的可逆功，所以 σ 称为比表面吉布斯自由能，其单位为 $J \cdot m^{-2}$。也可将 σ 看作作用在界面上每单位长度边缘上的力，称为表面张力，其单位是 $N \cdot m^{-1}$。在定温下纯液体的表面张力为定值，当加入溶质形成溶液时，表面张力发生变化，其变化的大小取决于溶质的性质和加入量的多少。水溶液表面张力与其组成的关系大致有三种情况：

（1）随溶质浓度增加，表面张力略有升高；

（2）随溶质浓度增加，表面张力降低，并在开始时降得快些；

（3）溶质浓度低时，表面张力就急剧下降，于某一浓度后表面张力几乎不再改变。

以上三种情况，溶质在表面上的浓度与体相中的都不相同，这种现象称为溶液表面吸附。根据能量最低原理，溶质能降低溶剂的表面张力时，表面层中溶质的浓度比溶液内部大；反之，溶质使溶剂的表面张力升高时，它在表面层中的浓度比在内部的浓度低。在指定的温度和压力下，溶质的吸附量与溶液的表面张力及溶液的浓度之间的关系遵守吉布斯（Gibbs）吸附方程：

$$\varGamma = -\frac{c}{RT}\left(\frac{\mathrm{d}\sigma}{\mathrm{d}c}\right)_T \tag{2}$$

式中，$\varGamma$ 为溶质在表层的吸附量；σ 为表面张力；c 为吸附达到平衡时溶质在介质中的浓度。

当 $\left(\frac{\mathrm{d}\sigma}{\mathrm{d}c}\right)_T < 0$ 时，$\varGamma > 0$，称为正吸附；当 $\left(\frac{\mathrm{d}\sigma}{\mathrm{d}c}\right)_T > 0$ 时，$\varGamma < 0$，称为负吸附。通过实验若能测得表面张力与溶质浓度的关系，则可作出 σ-c（或 $\ln c$）曲线，并在此曲线上任取若干点作曲线的切线，这些切线的斜率就是与其相应浓度的 $\left(\frac{\partial \sigma}{\partial c}\right)_T$ 或 $\left(\frac{\partial \sigma}{\partial \ln c}\right)_T$，将此值代入式（2）便可求出在此浓度时的溶质吸附量 $\varGamma$。吉布斯吸附等温式应用范围很广，但上述形式仅适用于稀溶液。

引起溶剂表面张力显著降低的物质叫表面活性物质，被吸附的表面活性物质分子在界面层中的排列，取决于它在液层中的浓度，这可由图1看出。图1中（1）和（2）是不饱和层中分子的排列，（3）是饱和层分子的排列。当界面上被吸附分子的浓度增大时，它的排列方式在改变着，最后，当浓度足够大时，被吸附分子盖住了所有界面的位置，形成饱和吸附层，分子排列方式如图1中（3）所示。这样的吸附层是单分子层，随着表面活性物质的分子在界面上排列紧密，则此界面的表面张力也就逐渐减小。如果在恒温下绘成曲线 $\sigma = f(c)$（即表面张力等温线），当 c 增加时，σ 在开始时显著下降，而后下降逐渐缓慢下来，以至 σ 的变化很小，认为 σ 的数值恒定为某一常数（见图2）。利用图解法进行计算十分方便，如图2所示，经过切点 a 作平行于横坐标的直线，交纵坐标于 b' 点。以 Z 表示切线和与横轴平行线在纵坐标上截距间的距离，显然 Z 的长度等于 $c\left(\frac{\mathrm{d}\sigma}{\mathrm{d}c}\right)_T$，即

$$Z = -c\left(\frac{\mathrm{d}\sigma}{\mathrm{d}c}\right)_T \tag{3}$$

将式（3）代入式（2），得

$$\varGamma = -\frac{c}{RT}\left(\frac{\partial \sigma}{\partial c}\right)_T = \frac{Z}{RT} \tag{4}$$

以不同的浓度对其相应的 $\varGamma$ 可作出曲线，$\varGamma = f(c)$ 称为吸附等温线。

根据朗格谬尔（Langmuir）公式：

$$\varGamma = \varGamma_\infty \frac{kc}{1+kc} \tag{5}$$

$\varGamma_\infty$ 为饱和吸附量，即表面被吸附物铺满一层分子时的 $\varGamma$，式（5）可以写为如下形式：

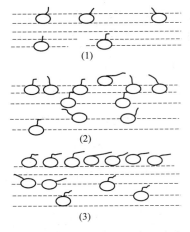
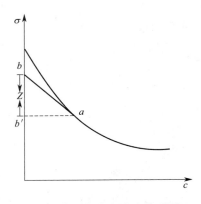

图 1　被吸附的分子在界面上的排列图　　　　图 2　表面张力和浓度关系图

$$\frac{c'}{\Gamma}=\frac{kc'+1}{k\Gamma_\infty}=\frac{c'}{\Gamma_\infty}+\frac{1}{k\Gamma_\infty} \tag{6}$$

以 c/Γ 对 c 作图，得一直线，该直线的斜率为 $1/\Gamma_\infty$。

由所求得的 Γ_∞ 代入下式

$$S=\frac{1}{\Gamma_\infty N_0} \tag{7}$$

可求被吸附分子的截面积（N_0 为阿伏伽德罗常数）。

若已知溶质的密度 ρ、分子量 M，就可计算出吸附层厚度 δ：

$$\delta=\frac{\Gamma_\infty M}{\rho} \tag{8}$$

测定溶液的表面张力有多种方法，较为常用的有最大气泡法和扭力天平法。本实验使用最大气泡法测定溶液的表面张力，其装置参见图 3。

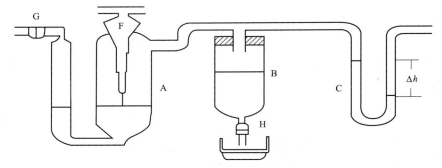

图 3　最大气泡法仪器装置图

A 为表面张力仪，其中间玻璃管 F 下端为一段直径 0.2～0.5mm 的毛细管，B 为充满水的抽气瓶，C 为 U 形压力计，内盛相对密度较小的水或酒精、甲苯等，作为工作介质，以测定微压差。

将待测表面张力的液体装于表面张力仪中，使 F 管的端面与液面相切，液面即沿毛细管上升，打开抽气瓶的活塞缓缓抽气，毛细管内液面上受到一个比 A 瓶中液面上大的压力,当此压力差——附加压力($\Delta p = p_{大气} - p_{系统}$)在毛细管端面上产生的作用力稍大于毛细管口液体的表面张力时,气泡就从毛细管口脱出,此附加压力与表面张力成正比,与气泡的曲率半径成反比,其关系式为:

$$\Delta p = \frac{2\sigma}{R} \tag{9}$$

式中,Δp 为附加压力;σ 为表面张力;R 为气泡的曲率半径。

如果毛细管半径很小,则形成的气泡基本上是球形的。当气泡开始形成时,表面几乎是平的,这时曲率半径最大;随着气泡的形成,曲率半径逐渐变小,直到形成半球形,这时曲率半径 R 和毛细管半径 r 相等,曲率半径达最小值,根据式(9),这时附加压力达最大值。气泡进一步长大,R 变大,附加压力则变小,直到气泡逸出。

根据式(9),$R=r$ 时的最大附加压力为:

$$\Delta p_{最大} = \frac{2\sigma}{r} \text{ 或 } \sigma = \frac{r}{2}\Delta p_{最大} \tag{10}$$

实际测量时,使毛细管端刚与液面接触,则可忽略气泡鼓泡所需克服的静压力,这样就可直接用式(10)进行计算。

当用密度为 ρ 的液体作为压力计介质时,测得与 Δp 最大相适应的最大压力差为 $\Delta h_{最大}$,则:

$$\sigma = \frac{r}{2}\rho g \Delta h_{最大} \tag{11}$$

将 $\frac{r}{2}\rho g$ 合并为常数 K 时,则上式变为:

$$\sigma = K \Delta h_{最大} \tag{12}$$

式中的仪器常数 K 可用已知表面张力的标准物质测得。

四、实验仪器与试剂

仪器:DMPY-2C 表面张力测定仪、吸耳球、移液管(50mL 和 1mL)、烧杯(500mL)。

试剂:正丁醇(化学纯)、蒸馏水。

五、实验步骤

1. 仪器准备与检漏

将表面张力仪中容器和毛细管先用洗液洗净,再依次用自来水和蒸馏水漂洗,烘干后按图3连好。

将水注入抽气管中。在 A 管中用移液管注入 50mL 蒸馏水,用吸耳球由 G 处抽气,调节液面,使之恰好与毛细管尖端相切。然后关紧 G 处活塞,再打开活塞 H,这时管 B 中水流出,使体系内的压力降低,当压力计中液面指示出若干厘米的压差时,关闭 H,停止抽气。若 2~3min 内,压力计液面高度差不变,则说明体系不漏气,可以进行实验。

2. 仪器常数的测量

打开活塞 H 对体系抽气,调节抽气速度,使气泡由毛细管尖端成单泡逸出,且每个气泡形成的时间为 10~20s(数显微压差测量仪为 5~10s)。若形成时间太短,则吸附平衡就来不及在气泡表面建立起来,测得的表面张力也不能反映该浓度下真正的表面张力值。当气泡刚脱离管端的一瞬间,压力计中液面差达到最大值,记录压力计两边最高和最低读数,连续读取三次,取其平均值。再由附录 6 中,查出实验温度时水的表面张力 σ,则可以由式(13)计算仪器常数:

$$K = \frac{\sigma_{水}}{\Delta H_{最大}} \tag{13}$$

3. 表面张力随溶液浓度变化的测定

在上述体系中,用移液管移入 0.10mL 正丁醇,用吸耳球打气数次(注意打气时,务必使体系成为敞开体系。否则,压力计中的液体将会被吹出),使溶液浓度均匀,然后调节液面与毛细管端相切,用步骤 2 所述方法测定压力计的压力差。然后依次加入 0.20mL、0.20mL、0.20mL、0.50mL、0.50mL、1.00mL、1.00mL 正丁醇,每加一次,测定一次压力差 $\Delta h_{最大}$。正丁醇的量一直加到饱和为止,这时压力计的 Δh 最大值几乎不再随正丁醇的加入而变化。

六、注意事项

1. 仪器系统不能漏气。
2. 所用毛细管必须干净、干燥,应保持垂直,其管口刚好与液面相切。

七、数据记录与处理

1. 实验数据记录及计算。

正丁醇加入量/mL	溶液浓度	压力差 Δh				K 或 σ
		1	2	3	平均值	
0						
0.10						
0.30						
0.50						
0.70						
1.20						
1.70						
2.20						
3.20						

2. 根据上述计算结果，绘制 σ-c 等温线。

3. 由 σ-c 等温线作不同浓度的切线求 Z，并求出 $\varGamma$、$c/\varGamma$。

4. 绘制 $\varGamma$-c、$c/\varGamma$-c 等温线，求 $\varGamma_\infty$，并计算 S 和 δ。

八、思考题及问题讨论

1. 毛细管尖端为何必须调节得恰与液面相切？否则对实验有何影响？

2. 最大气泡法测定表面张力时为什么要读最大压力差？如果气泡逸出得很快，或几个气泡一齐出，对实验结果有无影响？

3. 为什么读取压力计的压差时，应取气泡单个逸出时的最大压力差？

实验三　一级反应——蔗糖的水解

一、实验项目风险评估

1. 化学品危害

盐酸属于易制毒危化品。

2. 操作风险

蔗糖水解是一级反应，通常使用酸或酶作为催化剂，在水中加热进行。这个实验用于研究蔗糖在酸性或碱性条件下的水解反应，产生葡萄糖和果糖。尽管这是一种常规实验，但仍需注意安全风险。酸性或碱性溶液：使用的酸性或碱性溶液（如硫酸、盐酸、氢氧化钠）具有腐蚀性，可能导致皮肤和眼睛灼伤。高温：加热过程中可能发生烫伤或火灾。酸碱操作：酸碱溶液操作时需小心，避免溅出导致灼伤。加热操作：使用加热设备时应小心操作，避免烫伤或火灾。

二、实验目的

1. 根据物质的光学性质研究蔗糖水解反应，测定其反应速率常数和半衰期。

2. 了解旋光仪的基本原理，掌握其使用方法。

三、实验原理

1. 蔗糖的转化为一级反应

蔗糖在 H^+ 催化作用下水解成葡萄糖和果糖，反应方程式为：

$$C_{12}H_{12}O_{11}(蔗糖) + H_2O \xrightarrow{H^+} C_6H_{12}O_6(葡萄糖) + C_6H_{12}O_6(果糖)$$

由于在较稀的蔗糖溶液中，水是大量的，反应过程中水的浓度可以认为不变，因此在一定酸度下，反应速率只与蔗糖的浓度有关，而反应速率与反应物浓度的一次方成正比的反应称为一级反应，故蔗糖的转化反应视为一级反应。

(1) 反应速率公式和半衰期

$$\frac{-\mathrm{d}c}{\mathrm{d}t}=kc$$

积分可得：
$$\ln c = -kt + \ln c_0$$

式中，c_0 为反应物的初始浓度；c 为 t 时刻反应物的浓度；k 为反应速率常数。

反应进行一半所用的时间称为半衰期，用 $t_{1/2}$ 表示：

$$t_{1/2}=\frac{\ln 2}{k}=\frac{0.693}{k}$$

(2) 一级反应的特点

① k 的数值与浓度无关，量纲：时间$^{-1}$，常用单位 s^{-1}、min^{-1} 等。

② 半衰期与反应物起始浓度无关。

③ 以 $\ln c$ 对 t 作图应得一直线，斜率为 $-k$，截距为 $\ln c_0$。

由此可用作图法求得直线斜率，计算反应速度常数 k。

2. 反应物质的旋光性

蔗糖及其水解产物葡萄糖、果糖都含有不对称碳原子，它们都具有旋光性，即都能使透过他们的偏振光的振动面旋转一定的角度，此角度称为旋光度，以 α 表示。蔗糖、葡萄糖能使偏振光的振动面按顺时针方向旋转，为右旋物质，旋光度为正值。果糖为左旋物质，旋光度为负值，数值较大，整个水解混合物是左旋的。所以可以通过观察系统反应过程中旋光度的变化来量度反应的进程。量度旋光度的仪器称旋光仪。

(1) 旋光度与比旋光度

溶液的旋光度与溶液中所含旋光物质的种类、浓度、液层厚度、光源的波长以及反应时的温度等因素有关。

为了比较各种物质的旋光能力，引入比旋光度 $[\alpha]$ 这一概念，并以式(11) 表示：

$$[\alpha]_{\mathrm{D}}^{t}=\frac{\alpha}{lc} \tag{1}$$

式中，t 为实验时的温度；D 为所用光源的波长；α 为旋光度；l 为液层厚度（常以 10cm 为单位）；c 为浓度（常用 100mL 溶液中溶有 m g 物质来表示）。

式 (1) 还可写成：

$$[\alpha]_{\mathrm{D}}^{t}=\frac{\alpha}{lm/100} \tag{2}$$

或

$$\alpha=[\alpha]_{\mathrm{D}}^{t}lc \tag{3}$$

由式(3) 可以看出，当其他条件不变时，旋光度 α 与反应物浓度成正比，即

$$\alpha=K'c$$

式中，K' 是与物质的旋光能力、溶液层厚度、溶剂性质、光源的波长、反应时的

温度等有关的常数。

蔗糖是右旋性物质（比旋光度 $[\alpha]_D^{20}=66.6°$），产物中葡萄糖也是右旋性物质（比旋光度 $[\alpha]_D^{20}=52.5°$），果糖是左旋性物质（比旋光度 $[\alpha]_D^{20}=-91.9°$）。因此当水解反应进行时，右旋角不断减小，当反应终了时体系将经过零变成左旋。

（2）旋光度与浓度的对应关系

蔗糖水解反应中，反应物与生成物都有旋光性，旋光度与浓度成正比，且溶液的旋光度为各旋光度的和（加和性）。若反应时间为 0、t、∞ 时溶液旋光度各为 α_0、α_t、α_∞。可推导出：$c_0=K[\alpha_0-\alpha_\infty]$，$c_0=K[\alpha_t-\alpha_\infty]$。

可用 $\alpha_0-\alpha_\infty$ 代表蔗糖的总量，$\alpha_t-\alpha_\infty$ 代表 t 时的蔗糖量。

$$k=\frac{1}{t}\ln\frac{c_0}{c}=\frac{1}{t}\ln\frac{K(\alpha_0-\alpha_\infty)}{K(\alpha_t-\alpha_\infty)}=\frac{1}{t}\ln\frac{\alpha_0-\alpha_\infty}{\alpha_t-\alpha_\infty}$$

$$\ln(\alpha_t-\alpha_\infty)=-kt+\ln(\alpha_0-\alpha_\infty)$$

以 $\ln(\alpha_t-\alpha_\infty)$ 对 t 作图，由图所得直线斜率求 k 值，进而求半衰期 $t_{1/2}$。

四、实验仪器与试剂

仪器：WZZ-2A 型自动数据旋光仪 1 台、旋光管 2 支、台秤 1 台（公用）、25mL 容量瓶 1 个、25mL 移液管 1 支、50mL 烧杯 1 个、100mL 锥形瓶 1 个。

试剂：蔗糖（AR）、2mol·L^{-1} 的盐酸（公用）、酸性蔗糖溶液（已放置 48 小时以上，公用）。

五、实验步骤

1. 调节恒温槽、配制蔗糖溶液

将恒温槽调节到 25℃ 恒温，称取 10g 蔗糖溶于水中，用 50mL 容量瓶配成溶液。用移液管移取 25mL 蔗糖溶液溶于锥形瓶中，然后放入恒温水浴中 10min。另同样取 25mL 盐酸溶液放入恒温槽中。

2. 校正旋光度仪零点

打开旋光度仪器预热几分钟，旋光管内注满蒸馏水，旋紧套盖，用纸擦净两端玻璃片，放入旋光仪内，盖上槽盖。调节目镜使视野清晰。然后旋转检偏镜至能观察到明暗相等的三分视野为止，记下刻度盘读数，重复操作三次，取其平均值，此即为旋光仪零点。测毕取出旋光管，倒出蒸馏水。

3. 蔗糖水解过程中 α_t 的测定

称取蔗糖 10g，溶于蒸馏水中，用 50mL 容量瓶配制成溶液，如混浊需过滤。用移液管取 50mL 蔗糖溶液和 50mL 2mol·L^{-1} HCl 溶液分别注入两个 100mL 干燥锥形瓶中，并将这两个锥形瓶同时置于恒温槽中恒温 10~15min。待恒温后，取 50mL 2mol·L^{-1} HCl 溶液加到装有蔗糖溶液的锥形瓶中混合，并在 HCl 溶液加入一半时，开动停表作为反应的起始时间。不断振荡摇动,迅速取少量混合液清洗旋光管两次,然后将此混合液注满旋光管,盖好玻璃片,旋紧套盖(检查是否漏液和有气泡)。擦净旋光管两端玻璃片,立刻置于旋光仪中。测量时间 t 时溶液的旋光度 α_t。测定时要迅速、准确。先记下时间,再读取旋光度数值。可在测定第一个 α_t 值后的 5min、10min、15min、20min、30min、50min、75min、100min 各测一次。

4. α_∞ 的测定

将反应剩余的混合液置于 50~60℃ 的热水浴中,温热 30min,以加速转化反应,然后冷却,再恒温至 25 ℃,测旋光度,此值即为反应终了时的旋光度。

5. 实验结束时,立刻将旋光管洗净、干燥,以免酸对旋光管造成腐蚀。

六、注意事项

(1) 测到 30min 后,每次测量间隔时应将钠光灯熄灭,以延长钠光灯寿命。但下一次测量之前提前 10min 打开钠光灯,使光源稳定。

(2) 实验结束时,应立即将旋光管洗净擦干,防止酸对旋光管的腐蚀。

(3) 先掌握旋光仪的使用方法,主要是掌握三分视野均匀且很暗的视野的确定。

(4) 旋光管在使用前必须洗干净,实验完成后先用自来水洗净,再用蒸馏水涮净。

(5) 液体装入旋光管后,管内不能有大气泡,光路内不能有气泡,若有小气泡,可将其赶至旋光管的凸部。

七、数据记录与处理

时间/min	旋光度	$\ln(\alpha_t - \alpha_\infty)$

以 $\ln(\alpha_t - \alpha_\infty)$ 对 t 作图,由图所得直线斜率求 k 值,进而求半衰期 $t_{1/2}$。

八、思考题与问题讨论

1. 实验中先用蒸馏水校正旋光仪的零点,在蔗糖转化反应过程中所测的 α_t 是否需要进行零点校正?为什么?

2. 为什么配蔗糖溶液可用台秤和量筒?

3. 蔗糖浓度、盐酸浓度对反应速率常数 k 有什么影响？

九、附旋光仪介绍

1. 旋光仪结构

WXG-4 型旋光仪如图 1 所示。

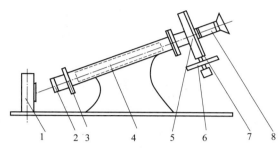

图 1　WXG-4 型旋光仪

1— 钠光灯；2—起偏镜；3—石英玻璃片；4—旋光管；
5—检偏镜；6—手轮；7—游标刻度盘；8—焦距调节钮；9—目镜

2. 测量原理

自钠光灯发出的波长为 2890～2896Å 的非偏正光，经起偏镜 2 后成为强度为 E_0 的偏振光（图 2a）。起偏镜后面的石英玻璃片 3 是旋光物质，其旋光度约为 3°，其宽度为起偏镜直径的三分之一，放置在光路的中间，将光路的视野分成了三部分（图 2b）。若 Ⅰ、Ⅲ 部分偏振光（电磁波）的振动方向为 0°（图 2 中 AA），则第 Ⅱ 部分偏振光的振动方向为右旋 3°（图 2 中 BB）。

调零点时，若将检偏镜 5 偏振光振动方向 KK 与 AA 垂直（图 2c），根据物理学中的马吕萨定律：

$$E = E_0 \cos^2 \theta$$

式中，θ 为起偏镜振动方向与检偏镜振动方向的夹角。

此时从目镜中看进去，视野的Ⅰ、Ⅲ部分是黑的（$E_Ⅰ = E_Ⅲ = E_0 \cos^2 90° = 0$），而位于中间的第Ⅱ部分是亮的，不过光强度很小（$E_Ⅱ = E_0 \cos^2 87°$）。若将检偏镜偏振光振动方向 KK 与 BB 垂直（图 2d），则位于中间的第Ⅱ部分是黑的（$E_Ⅱ = E_0 \cos^2 90° = 0$），而视野的Ⅰ、Ⅲ部分是亮的，同样光强度很小（$E_Ⅰ = E_Ⅲ = E_0 \cos^2 93°$）。

旋光仪把仪器的零点设计在了 OO 轴位置上（图 2e），在此位置上 OO 轴与 AA 轴的夹角 θ_1、OO 轴与 BB 轴的夹角 θ_2 同为 88.5°（$90 - \frac{3}{2}$）°，在此位置，$\theta_1 = \theta_2$，光路视野的三部分强度相等（$E_Ⅰ = E_Ⅱ = E_Ⅲ = E_0 \cos^2 88.5°$）。若 OO 轴稍偏于 AA 轴，Ⅰ、Ⅲ 部分变黑，第Ⅱ部分变亮，反之 OO 轴稍偏于 BB 轴，第Ⅱ部分变黑，Ⅰ、Ⅲ 部分变亮，有明与暗的比较，偏于零点位置时容易鉴别，可使仪器的测量精度较高。

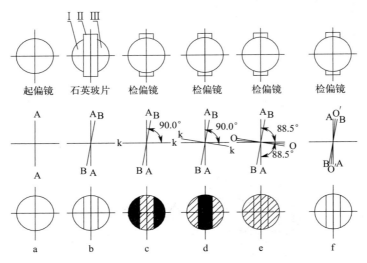

图 2　旋光仪测量原理示意图

放入装有旋光物质的旋光管后,旋光物质把 AA、BB 两个方向的偏振光同时偏转一角度 β,此时光路视野必然变化。将检偏镜同样旋转 β,再找到光路三分视野均匀、光强度很小的位置,检偏镜从零点旋转到此位置的角度 β,可以从游标刻度盘上读到,此角度就是旋光物质的旋光角。

要注意的是,若将检偏镜偏振化方向置于 AA 轴与 BB 轴夹角的平分线 $O'O'$ 上,(图 2),光路视野的三部分也是均匀的,但光很亮,光强度为 $E_Ⅰ = E_Ⅱ = E_Ⅲ = E_0 \cos^2 1.5°$。生理学研究发现人对弱光敏感,而对强光不敏感,故若将检偏镜偏振化方向置于 $O'O'$ 附近的很大范围内变化,尽管视野的三部分光强度有不同变化,但人们凭视力难于分辨,从目镜看进去,检偏镜在较大范围内旋转,光路视野的三部分似乎都没有变化。此种情况特别容易与正常的三分视野均匀弄混,使用时应特别予以注意。

旋光仪的正确读数见图 3。

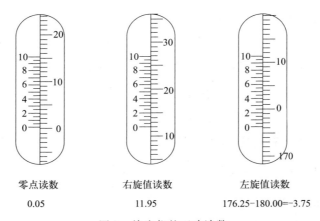

零点读数　　　　　右旋值读数　　　　　左旋值读数

0.05　　　　　　　11.95　　　　　　176.25−180.00=−3.75

图 3　旋光仪的正确读数

实验四　液体饱和蒸气压的测定

一、实验项目风险评估

液体饱和蒸气压测定实验用于确定液体在一定温度下的饱和蒸气压,通常使用闭合式装置和温度控制设备进行,涉及操作化学试剂和高温设备。使用挥发性液体时可能导致溅出或吸入,造成中毒或其他危害。使用加热设备时应小心操作,避免烫伤或火灾。在液体蒸气压测定实验中,需要控制好容器的压力,避免超压。

二、实验目的

1. 利用等压计测定不同温度下水的饱和蒸气压。
2. 掌握使用等压计测定液体饱和蒸气压的原理和方法。
3. 掌握真空泵的使用方法。
4. 掌握由克劳修斯-克拉贝龙方程求算纯液体的摩尔汽化焓。

三、实验原理

在一定的温度下,真空密闭容器内的液体能很快和它的蒸气相建立动态平衡,即蒸气分子向液面凝结和液体中分子从表面逃逸的速率相等。此时液面上的蒸气压力就是液体在此温度下的饱和蒸气压。液体的饱和蒸气压与温度有关:温度升高,分子运动加速,因而在单位时间内从液相进入气相的分子数增加,蒸气压升高。

蒸气压随着绝对温度的变化可用克劳修斯-克拉贝龙方程式来表示:

$$\frac{\mathrm{dln}(p^*/\mathrm{kPa})}{\mathrm{d}T}=\frac{\Delta_{\mathrm{vap}}H_{\mathrm{m}}}{RT^2} \tag{1}$$

式中,p^* 为液体在温度 T 时的饱和蒸气压,Pa;T 为热力学温度,K;$\Delta_{\mathrm{vap}}H_{\mathrm{m}}$ 为液体摩尔气化热,J·mol^{-1};R 为摩尔气体常数。如果温度变化的范围不大,$\Delta_{\mathrm{vap}}H_{\mathrm{m}}$ 可视为常数,将上式积分可得:

$$\ln p=\frac{-\Delta_{\mathrm{vap}}H_{\mathrm{m}}}{R}\times\frac{1}{T}+B \tag{2}$$

式中,B 为积分常数,此数与压力 p 的单位有关。由上式可见,若在一定温度范围内,测定不同温度下的饱和蒸气压,以 $\ln p$ 对 $1/T$ 作图,可得一直线,由斜率可求出实验温度范围内液体的平均摩尔气化热 $\Delta_{\mathrm{vap}}H_{\mathrm{m}}$。

当液体的蒸气压与外界压力相等时,液体便沸腾,外压不同,液体的沸点也不同,把液体的蒸气压等于 101.325kPa 时的沸腾温度定义为液体的正常沸点。

静态法测定液体饱和蒸气压：把待测物质放在一个封闭体系中，在不同的温度下直接测量蒸气压，它要求体系内无杂质气体。此法适用于固体加热分解平衡压力的测量和易挥发液体饱和蒸气压的测量，准确性较高。通常是用平衡管（又称等位计）进行测定的。平衡管由一个球管与一个 U 形管连接而成（如图 1 所示），待测物质置于球管内，U 形管中放置被测液体，将平衡管和抽气系统、压力计连接，在一定温度下，当 U 形管中的液面在同一水平时，表明 U 形管两臂液面上方的压力相等，记下此时的温度和压力，则压力计的示值就是该温度下液体的饱和蒸气压，或者说，所测温度就是该压力下的沸点。可见，利用平衡管可以获得并保持体系中为纯试样的饱和蒸气，U 形管中的液体起液封和平衡指示作用。

本实验采用静态法测定水的饱和蒸气压，装置简图见图 2。

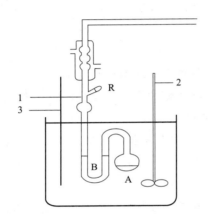

图 1　玻璃恒温水浴系统装置图

1—连冷凝管的平衡管（又称等压计）；2—搅拌器；
3—温度计；A—球管；B—U 形管

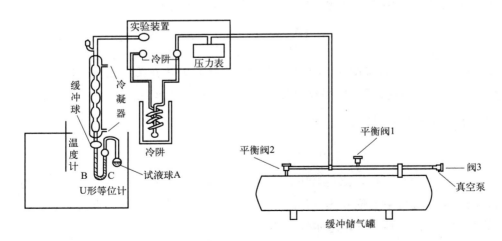

图 2　饱和蒸气压测定实验装置图

四、实验仪器与试剂

仪器：SYP 型玻璃恒温水浴 1 套、平衡管（带冷凝管）、SWQ-IA 智能数字恒温控制器、DP-A 精密数字压力计、缓冲储气罐、2XZ-1 型旋片真空泵及附件。

试剂：待测液。

五、实验步骤

1. 装样

将平衡管内装入适量待测液体水，装至 A 球管约 2/3 体积，U 形管两边各 1/2 体积，然后按图装好各部分，如图 1 所示。（各个接头处用短而厚的橡皮管连接，然后再用石蜡密封好，此装置已搭建好）。

2. 压力计采零

关闭缓冲储气罐的平衡阀 2，打开平衡阀 1，此时 DP-A 精密数字压力计所测压力即为当前大气压，按下压力计面板上的采零键，显示值将为 00.00 数值（大气压被视为零值看待）。

3. 系统气密性检查

旋转三通活塞使系统与真空泵连通，开动真空泵，打开进气阀和平衡阀 2，关闭平衡阀 1，抽气减压至压力计显示一定负压值时，关闭三通活塞，使系统与真空泵、大气皆不相通。观察压力计的示数，如果压力计的示数能在 3～5min 内维持不变，或显示数字下降值＜0.01kPa/s，则表明系统不漏气，否则应逐段检查，设法消除。

4. 排除球管上方空间内的空气

开启搅拌器匀速搅拌，其目的是使等压计内外温度平衡，抽气减压时气泡逸出的速度以一个一个地逸出为宜，不能成串成串地冲出，至液体轻微沸腾，此时 AB 弯管内的空气不断随蒸气经 C 管逸出，如此沸腾 3～5min，可认为空气被排除干净。

5. 饱和蒸气压的测定

打开平衡阀 1，恒温槽温度调至比大气压下待测液沸点高 3～5℃，如此沸腾 3～5min，停止加热，关闭平衡阀 1。当 B、C 两管的液面到达同一水平面时，立即记录此时的温度和压力，并打开平衡阀 2，使测量系统的压力减小 5～7kPa，液体将重新沸腾，又有气泡从平衡管冒出，关闭平衡阀 2，继续降低水温。当温度降到一定程度时，B、C 液面又处于同一水平面，记录此时的温度计、压力计读数。

6. 结束实验

关闭所有电源，将体系放入空气，整理好仪器装置，但不要拆装置。另外，也可以沿温度降低方向测定。温度降低，水饱和蒸气压减小。为了防止空气倒灌，必须在测定过程中始终开启真空泵以使系统减压。降温可用在烧杯中加冷水的方法来达到。其它操作与上面相同。待等温计内乙醇冷却后，关掉冷凝器中的水。整理好仪器装置。

六、基本仪器操作

1. 恒温水槽温度设定

（1）打开智能数字恒温控制器，设定温度："回差"选择合适的回差值，依次调整"设定温度值"，设置完后转换到工作状态（"工作"指示灯亮）。

当介质温度≤设定温度，加热器处于加热状态；

当介质温度≥设定温度，加热器停止加热；

当系统温度达到"设定温度"时，工作指示灯自动转换到"恒温"状态。

按"复位"键，仪器返回开机时的状态，可重复设定温度。

（2）根据所需控温温度和加热速率选择水浴前面板"开""关""快""慢""强""弱"等开关，加热系统进入加热准备状态。由智能数字恒温控制器进行控温。开始加热时，为使加热速度尽可能快，将加热器置于"强"，但当温度接近所设温度前 1~2℃ 时，将加热器置于"弱"，以减慢升温速度，防止温度升高过快。

（3）关机，首先关断智能数字恒温控制器电源，再关闭水浴电源。

2. 缓冲储气罐操作

（1）检查气密性：打开进气阀和平衡阀 2，关闭平衡阀 1，启动气泵抽气，然后关闭进气阀，从数字压力计读出压力罐中压力值。若显示数字下降值<0.01kPa/s，说明气密性良好。

（2）继续打开进气阀抽气，直至压力计上真空度基本无变化，关闭进气阀，调节液体两臂高度相等，记下压力计读数。

（3）重复（2）中操作，比较两次读数，如果读数无差别，则可关闭进气阀，真空泵可停止工作，开始实验操作。

七、注意事项

1. 球管和 U 形管应浸于水浴水面之下，且实验过程中应持续搅拌水浴，使体系温度均匀。

2. 等压计 A 球液面上空气必须排除干净，因为若混有空气，则测定结果便是水与空气混合气体的总压力而不是水的饱和蒸气压。检查方法，连续两次排空球管上方空间内的空气操作后的 U 形管压力计的读数一致或者两者之差小于 0.5mmHg。

3. 体系有一定负压后再次开启真空泵时，必须先关闭阀 2，让真空泵先将接头处的空气抽走，防止空气进入体系引起侧流。

4. 停止实验时，应先打开阀 2，让真空泵通大气后再关闭真空泵电源，以防止泵油倒灌。

5. 要防止被测液体过热，以免对测定饱和蒸气压带来影响，因此不要加热太快，以免液体蒸发太快而来不及冷凝，冲到冷凝观上端 T 形管处。

6. 每次使系统减压 5~7kPa，重复上述操作，测至少 5 组数据。

7. 空气未排除干净，使得水蒸气不纯，从而导致测出的蒸发焓存在误差。

8. U 形管中的液体倒灌入球管中，倒灌时带入空气，使得实验结果偏小。

9. 抽气和放气的速度不能太快，以免 C 管中的水被抽掉或 B 管中的水倒流到 A 管。

八、数据记录与处理

大气压（实验前）：_____ 大气压（实验后）：_____ 大气压（平均值）：_____。

$t/℃$	25	30	35	40	45
$1/(T/K)×10^3$					
$\Delta p/kPa$					
p/kPa					
$\ln(p/kPa)$					
$\Delta_{vap}H_m/(kJ·mol^{-1})$					

九、思考题与问题讨论

1. 为什么要排尽 AC 管弯管内的空气？如何排尽？
2. 测定液体饱和蒸气压有哪几种方法？本实验属于哪一种？
3. 本实验方法是否可用于测定溶液的蒸气压？

实验五　电导法测定弱电解质的电离常数

一、实验项目风险评估

1. 化学品危害

醋酸属于危化品。

2. 操作风险

实验中可能使用的化学试剂具有一定的毒性和腐蚀性，如酸、碱等，可能导致皮肤灼伤或眼睛刺激。使用电导率仪时，可能存在触电风险，尤其是在操作不当或设备损坏时，严格按照操作规程进行实验，确保安全操作。

二、实验目的

1. 用电导法测定弱电解质醋酸在水溶液中的解离平衡常数 K_c。
2. 了解溶液电导的基本概念，熟悉电导率仪的使用。

三、实验原理

醋酸在水溶液中呈下列平衡：

$$HAc \rightleftharpoons H^+ + Ac^-$$
$$c(1-\alpha) \quad c\alpha \quad c\alpha$$

式中，c 为醋酸浓度；α 为电离度，则电离平衡常数 K_c 为：

$$K_c = \frac{c\alpha^2}{1-\alpha}$$

定温下，K_c 为常数，通过测定不同浓度下的电离度就可求得平衡常数 K_c 值。

醋酸溶液的电离度可用电导法测定。溶液的电导用电导率仪测定。测定溶液的电导，要将被测溶液注入电导池中，如图 1 所示。

若两电极间距离为 l，电极的面积为 A，则溶液电导 G 为：

$$G = \kappa A / l$$

式中，κ 为电导率。电解质溶液的电导率不仅与温度有关，还与溶液的浓度有关。溶液的电导率 κ 按 $\kappa = \frac{1}{\rho} = G\left(\frac{l}{A}\right)$ 式计算。对电导池而言，$\left(\frac{l}{A}\right)$ 称为电导池常数，可将一精确已知电导率值的标准溶液（通常用 KCl 溶液）充入待用电导池中，在指定温度下测定其电导率，然后按照 $\kappa = \frac{1}{\rho} = G\left(\frac{l}{A}\right)$ 算出电导池常数 $\left(\frac{l}{A}\right)$ 值。

图 1　浸入式电导池

对于弱电解质来说，无限稀释时的摩尔电导率 Λ_m^∞ 反映了该电解质全部电离且没有相互作用时的电导能力，而一定浓度下的 Λ_m 反映的是部分电离且离子间存在一定相互作用时的电导能力。如果弱电解质的电离度比较小，电离产生的离子浓度较低，使离子间作用力可以忽略不计，那么 Λ_m 与 Λ_m^∞ 的差别就可以近似看成是由部分电离与全部电离产生的离子数目不同所致，所以弱电解值的电离度可表示为：

$$\alpha = \Lambda_m / \Lambda_m^\infty$$

若电解质为 MA 型，电解质的浓度为 c，那么电离平衡常数

$$K_c = \frac{c\alpha^2}{1-\alpha}$$

若已知该电解质溶液的物质的量浓度，则依照式 $\Lambda_m = \kappa/c$ 即可求出摩尔电导率 Λ_m 值。再根据奥斯特瓦尔德（Ostwald）稀释定律：

$$K_c = \frac{c\Lambda_m^2}{\Lambda_m^\infty(\Lambda_m^\infty - \Lambda_m)}$$

实验证明，弱电解质的电离度 α 越小，该式越精确。

四、实验仪器与试剂

仪器：量筒、烧杯、容量瓶、电导仪。

试剂：水、醋酸（$0.1\text{mol}\cdot\text{L}^{-1}$）。

五、实验步骤

1. 熟悉仪器的使用方法。

开启电导率仪的电源，预热10min。调节温度控温仪为30.00℃。

实验前一定要进行校正。调节电导率仪的"温度"至25℃；调"常数"至1；调"量程"至"检查"在室温下调节"校准"令示数为"100"，再调节"常数"令示数为电导电极所标"电极常数100"。校正完毕将调"量程"至"Ⅲ"。（注意：在校正过程中，要将电导电极一直浸没在纯净的蒸馏水中）

2. 用蒸馏水充分浸泡洗涤电导池和电极，再用少量待测液荡洗数次。然后注入待测液，使液面超过电极1~2cm，将电导池放入恒温槽中，恒温5~8min后进行测量。严禁用手触及电导池内壁和电极。

3. 按由稀到浓的顺序，依次测量 $0.0002\text{mol}\cdot\text{L}^{-1}$、$0.0005\text{mol}\cdot\text{L}^{-1}$、$0.001\text{mol}\cdot\text{L}^{-1}$、$0.002\text{mol}\cdot\text{L}^{-1}$、$0.005\text{mol}\cdot\text{L}^{-1}$ HAc溶液的电导率。每测定完一个浓度的数据，不必用蒸馏水冲洗电导池及电极，而应用下一个被测液荡洗电导池和电极三次，再注入被测液测定其电导率。

4. 实验结束后，先关闭各仪器的电源，用蒸馏水充分冲洗电导池和电极，并将电极浸入蒸馏水中备用。

六、实验数据记录

溶液浓度/($\text{mol}\cdot\text{L}^{-1}$)	去离子水					
电导率/($\mu\text{s}\cdot\text{cm}^{-1}$)						
电离平衡常数						
电离平衡常数的平均值						

七、思考题与问题讨论

1. 电导池常数是否可用测量几何尺寸的方法确定？
2. 实际过程中，若电导池常数发生改变，对平衡常数测定有何影响？

实验六 电导滴定分析法测定未知酸

一、实验项目风险评估

1. 化学品危害

NaOH、HCl 属于危化品。

2. 操作风险

未知酸可能具有一定的腐蚀性，可能导致皮肤和眼睛灼伤。

滴定试剂可能是强酸或强碱，需要小心操作以避免接触皮肤和眼睛。滴定过程中需要小心操作，确保准确滴加滴定试剂，并且注意滴定终点的判断。操作电导率仪时需要小心，以避免触电或设备损坏，严格按照操作规程进行实验，确保安全操作。

二、实验目的

1. 掌握电导率仪结构和测定溶液电导值的基本操作。
2. 了解电导电极的结构和使用方法。
3. 掌握电导滴定的基本原理和判断终点的办法。

三、实验原理

在滴定分析中，一般采用指示剂来判断滴定终点，但是稀溶液的滴定终点突跃甚小，而有色溶液的颜色会影响指示剂在终点时颜色变化的判断，因此在稀溶液和有色溶液的滴定分析中，无法采用指示剂来判断终点。

本实验借助于滴定过程中离子浓度变化而引起的电导值的变化来判断滴定终点，这种方法称为电导滴定。NaOH 溶液与 HCl 溶液的滴定中，在滴定开始时，由于氢离子的极限摩尔电导值较大，测定的溶液电导值也较大；随着滴定进行，H^+ 和 OH^- 不断结合生成不导电的水，在 H^+ 浓度不断下降的同时增加同等量的 Na^+，但是 Na^+ 导电能力小于 H^+，因此溶液的电导值也是不断下降的；在化学计量点以后，随着过量的 NaOH 溶液不断加入，溶液中增加了具有较强导电能力的 OH^-，因而溶液的电导值又会不断增加。由此可以判断，溶液具有最小电导值时所对应的滴定剂体积即为滴定终点。

四、实验仪器与试剂

仪器：DDS-307 型电导率仪、DJS-1C 型电导电极、碱式滴定管、10mL 移液管 1 只、85-1 磁力搅拌器一台、100mL 烧杯 1 个。

试剂：0.1000mol·L^{-1} NaOH 标准溶液、未知浓度 HCl 溶液。

五、实验步骤

1. 滴定前准备

按照滴定分析基本要求洗涤、润洗滴定管，装入 0.1000 mol·L^{-1} 的 NaOH 标准溶液，调节滴定液面至"0.00mL"处。

用移液管准确移取 5.00 mL 未知浓度 HCl 溶液于 100mL 烧杯中，加入 50mL 蒸馏水稀释被测溶液，将烧杯置于磁力搅拌器上，放入搅拌珠。

按照要求将电导电极插入被测溶液；调节仪器"常数"旋钮至 1.004；将仪器的"量程"旋钮旋至检查挡；将"校准"旋钮旋至 100；调节"温度"旋钮至室温 21℃；将"量程"旋钮置于合适的量程范围，即可开始测量。

2. 滴定过程中溶液电导值测定

按照下表依次向装有 HCl 溶液的烧杯中滴加 0.1000mol·L^{-1} 的 NaOH 标准溶液，读取并记录电导率仪上的电导率。

NaOH标准溶液体积	0.00mL	0.50mL	1.00mL	1.50mL	2.00mL	2.50mL	3.00mL
溶液电导率测定值							
NaOH标准溶液体积	3.50mL	4.00mL	4.50mL	5.00mL	5.50mL	6.00mL	6.50mL
溶液电导率测定值							
NaOH标准溶液体积	7.00mL	7.50mL	8.00mL	8.50mL	9.00mL	9.50mL	10.00mL
溶液电导率测定值							
NaOH标准溶液体积	10.50mL	11.00mL	11.50mL	12.00mL	12.50mL	13.00mL	13.50mL
溶液电导率测定值							

六、数据记录与处理

1. 滴定曲线绘制

以测定的溶液电导率值为纵坐标，滴加的 NaOH 标准溶液体积为横坐标制图，绘制电导滴定曲线，并采用作图法在滴定曲线上求出滴定终点所对应的滴定剂体积。

2. 未知浓度 HCl 溶液的浓度计算

根据 NaOH 标准溶液的浓度、滴定终点时的滴定剂的体积，采用下式计算未知浓度 HCl 溶液的浓度：

$$c_x = \frac{c_{\text{NaOH}} V_{\text{ep}}}{5.00}$$

七、思考题与问题讨论

1. 实验前碱式滴定管必须清洗干净，并用 $0.1000\mathrm{mol\cdot L^{-1}}$ NaOH 溶液润洗 2~3 次。

2. 注意调节好磁力搅拌器的速度（注意观察搅拌珠的旋转以判断速度），不能过快而使液体飞溅，亦不能过慢而未使溶液混合均匀，从而影响滴定结果。

3. 将电导电极插入溶液时，要注意插入的深度及位置，既要保证搅拌珠不会损坏电极，又要保证滴定时的方便操作。

4. 滴定开始前，要注意碱式滴定管的尖嘴处是否有空气，若有，一定要排空，且在后续的滴定操作中要注意控制每秒一滴的滴定速度，这样即可保证不会留有空气柱。

5. 一次滴定结束后，电导率仪显示的值会跳动，这是因为溶液还在混匀之中，要待其稳定后再记录电导值。

实验七　溶液偏摩尔体积的测定

一、实验项目风险评估

1. 化学品危害

乙醇属于危化品。

2. 操作风险

玻璃器皿操作：操作玻璃器皿时需小心，避免破碎导致割伤。

二、实验目的

1. 掌握用比重瓶测定溶液密度的方法。
2. 运用密度法测定指定组成的乙醇-水溶液中各组分的偏摩尔体积。
3. 学会恒温槽的使用。
4. 理解偏摩尔量的物理意义。

三、实验原理

偏摩尔量是溶液中一个重要参数，有许多性质都与偏摩尔量有关。本实验中测定溶液的偏摩尔体积。

在多组分体系中，某组分 i 的偏摩尔体积定义为：

$$V_{i,m} = \left(\frac{\partial V}{\partial n_i}\right)_{T,p,n_j(i \neq j)} \quad (1)$$

若是二组分体系，则有

$$V_{1,m} = \left(\frac{\partial V}{\partial n_1}\right)_{T,p,n_2} \quad (2)$$

$$V_{2,m} = \left(\frac{\partial V}{\partial n_2}\right)_{T,p,n_1} \quad (3)$$

体系总体积

$$V = n_1 V_{1,m} + n_2 V_{2,m} \quad (4)$$

将式(4)两边同除以溶液质量 m

$$\frac{V}{m} = \frac{m_1}{M_1} \times \frac{V_{1,m}}{m} + \frac{m_2}{M_2} \times \frac{V_{2,m}}{m} \quad (5)$$

令

$$\frac{V}{m} = \alpha, \quad \frac{V_{1,m}}{m} = \alpha_1, \quad \frac{V_{2,m}}{m} = \alpha_2 \quad (6)$$

式中，α 是溶液的比容；α_1、α_2 分别为组分1、2的偏质量体积。将式(6)代入式(5)可得：

$$\alpha = m_1\% \alpha_1 + m_2\% \alpha_2 = (1 - m_2\%)\alpha_1 + m_2\% \alpha_2 \quad (7)$$

将式(7)对 $m_2\%$ 微分：

$$\frac{\partial \alpha}{\partial m_2\%} = -\alpha_1 + \alpha_2, \quad 即 \quad \alpha_2 = \alpha_1 + \frac{\partial \alpha}{\partial m_2\%} \quad (8)$$

将式(8)代入式(7)，整理得

$$\alpha_1 = \alpha - m_2\% \times \frac{\partial \alpha}{\partial m_1\%} \quad (9)$$

$$\alpha_2 = \alpha - m_1\% \times \frac{\partial \alpha}{\partial m_2\%} \quad (10)$$

所以，实验求出不同浓度溶液的比容 α，作 $\alpha\text{-}W_2\%$ 关系图，得曲线 CC'（见图15.1）。如欲求浓度为 M 溶液中各组分的偏摩尔体积，可在 M 点作切线，此切线在两边的截距 AB 和 $A'B'$ 即为 α_1 和 α_2，再由式(6)就可求出 $V_{1,m}$ 和 $V_{2,m}$。

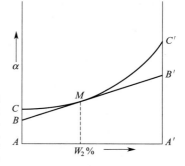

图1 比容-质量分数关系

四、实验仪器与试剂

仪器：恒温设备、分析天平（公用）、比重瓶（10mL）、磨口锥形瓶（50mL）。

试剂：纯乙醇（分析纯）、纯水。

五、实验步骤

调节恒温槽温度为 (25.0 ± 0.1)℃。

用分析天平称重，配制含乙醇体积百分数为 0%、20%、40%、60%、80%、

100%的乙醇水溶液，置于带塞的磨口锥形瓶中，每份溶液的总体积为20mL。配好后盖紧塞子，以防挥发。摇匀后测定每份溶液的密度，其方法如下：用分析天平精确称量一个预先洗净烘干的比重瓶，然后盛满纯水（注意不得存留气泡），用滤纸迅速擦去毛细管膨胀出来的水。擦干外壁，迅速称重。

同法测定每份乙醇-水溶液的密度。

六、注意事项

1. 比重瓶法可用于测定液体的密度。用比重瓶测液体的密度时，先将比重瓶洗净干燥，称空瓶重，再注满液体。在瓶塞塞好（按要求）并恒温后再称重，先用蒸馏水标定体积，在注入待测液称重后根据公式计算待测液的密度。

2. 做好本实验的关键是取乙醇时，要减少挥发误差，动作要敏捷，每份溶液用两个比重瓶进行平行测定，结果取其平均值；拿比重瓶应手持其颈部。

3. 恒温过程应密切注意毛细管出口液面，如因挥发液滴消失，可滴加少许被测溶液以防挥发。

4. 实验过程中毛细管里始终要充满液体，注意不得存留气泡。

5. 当使用比重瓶测量粒状固体物的密度时，应按测固体密度的步骤进行测定。

七、数据记录与处理

1. 根据25℃时水的密度和称重结果，求出比重瓶的容积。

比重瓶质量 /g	比重瓶＋水的质量 /g	水的质量 /g	水的密度 (0.9989kg·m^{-3})	比重瓶的体积 V/mL

2. 根据所得数据，计算所配溶液中乙醇的准确质量百分比。

$$w_A\% = \frac{m_A}{m_A + m_B}$$

式中，m_A是乙醇的质量，m_B是水的质量。

拟配乙醇质量分数	20%	40%	60%	80%	100%
空锥形瓶质量/g					
水＋瓶质量/g					
水＋乙醇＋瓶质量/g					
水的质量/g					
乙醇的质量/g					
溶液总质量/g					
乙醇的质量分数					

3. 计算实验条件下各溶液的比容。

$$\alpha = V(比重瓶)/m(溶液)$$

乙醇的质量分数	0					
比重瓶+溶液质量/g						
溶液的质量/g						
溶液的比容/(mL·g^{-1})						

4. 以比容为纵轴、乙醇的质量百分浓度为横轴作曲线，并在30％乙醇处作切线与两侧纵轴相交，即可求得 α_1 和 α_2。

5. 计算含乙醇30％的溶液中各组分的偏摩尔体积及100g该溶液的总体积。

$$V_水 = M_水 \alpha_水 \qquad V_{乙醇} = M_{乙醇} \alpha_{乙醇}$$

$$100g 该溶液的总体积 V = M\alpha$$

八、思考题与问题讨论

1. 使用比重瓶应注意哪些问题？
2. 如何使用比重瓶测量颗粒状固体物的密度？
3. 为提高溶液密度测量精度，可作哪些改进？

实验八　燃烧热的测定

一、实验项目风险评估

1. 化学品危害

苯甲酸、萘属于危化品。

苯甲酸微溶于水，溶于乙醇、乙醚、氯仿、苯等有机溶剂，使用时避免接触皮肤或吸入溢出物、灰尘或蒸汽。

萘遇明火、高热可燃。燃烧时放出有毒的刺激性烟雾。与强氧化剂如铬酸酐、氯酸盐和高锰酸钾等接触，能发生强烈反应，引起燃烧或爆炸。粉体与空气可形成爆炸性混合物，当达到一定的浓度时，遇火星会发生爆炸。建议应急处理人员戴自给式呼吸器，穿一般作业工作服。不要直接接触泄漏物。

2. 操作风险

实验过程中可能涉及使用加热设备，存在烫伤和火灾风险。实验室配备应急淋浴、洗眼设备和灭火器，熟悉紧急情况下的处理方法。化学品接触皮肤或眼睛时，立即用大量清水冲洗，并及时就医。发生火灾或其他意外情况，立即断电并进行急救，必要时送医。

二、实验目的

1. 明确燃烧热的定义，了解定压燃烧热与定容燃烧热的区别及相互关系。
2. 熟悉氧弹量热计中主要部件的原理与作用，掌握氧弹量热计的操作技术。
3. 学会用雷诺图解法校正温差改变值。
4. 掌握用氧弹量热计测定苯甲酸和萘的燃烧热。

三、实验原理

燃烧热的定义是：1mol 的物质完全燃烧时所放出的热量。完全燃烧是指 C 变为 $CO_2(g)$，H 变为 $H_2O(l)$，S 变为 $SO_2(g)$，N 变为 $N(g)$，如银等金属都变成为游离状态。如：

$$C_6H_5COOH(s) + 7\frac{1}{2}O_2(g) \xrightarrow[25℃]{1.01325\times 10^5 Pa} 7CO_2(g) + 3H_2O(l)$$

$$\Delta_c H_m^{\ominus} = -3226.9 \text{kJ/mol}$$

$$C_{10}H_8(s) + 12O_2(g) \longrightarrow 10CO_2(g) + 4H_2O(l)$$

对于有机化合物，通常利用燃烧热的基本数据求算反应热。燃烧热可在恒容或恒压条件下测定，由热力学第一定律可知：在不做非膨胀功的情况下，恒容燃烧热 $Q_V = \Delta U$，恒压燃烧热 $Q_p = \Delta H$。在体积恒定的氧弹式量热计中测得的燃烧热为 Q_V，而通常从手册上查得的数据为 Q_p，这两者可按下式进行换算：

$$Q_p = Q_V + RT\Delta n(g)$$

式中，$\Delta n(g)$ 为反应前后生成物和反应物中气体的物质的量之差；R 为摩尔气体常数，$8.314 \text{J}\cdot(\text{K}\cdot\text{mol})^{-1}$；$T$ 为反应温度，K。

实验测定基于能量守恒，在氧弹式量热计中测定，即样品在氧弹中燃烧放出的热量与引燃样品的铁丝放出的热量之和等于热量计内桶中水和热量计共同吸收的热量（传热损失可以忽略）。根据能量守恒定律有：

$$-\frac{m}{M}Q_{V,m} - m_{Fe}Q_{Fe} = (W_{水}C_{水} + C_J)\Delta T \quad (1)$$

$$Q_{p,m} = Q_{V,m} + RT\Delta v \quad (2)$$

式中，m 为待测样品的质量，g；M 为待测样品的分子量，$\text{g}\cdot\text{mol}^{-1}$；$Q_{V,m}$ 为待测的样品恒容燃烧热，$\text{J}\cdot\text{mol}^{-1}$；$m_{Fe}$ 为引燃用的铁丝的质量，g；Q_{Fe} 为引燃单位质量的燃烧热，$-6.694 \text{kJ}\cdot\text{g}^{-1}$；$W_{水}$ 为内桶水的质量，g；$C_{水}$ 为水的比热，$\text{J}\cdot(\text{K}\cdot\text{g})^{-1}$；$C_J$ 为热量计的水当量，$\text{J}\cdot\text{K}^{-1}$；$\Delta T$ 为内桶水温的变化值，K。

式(1) 左边两项为样品在氧弹中燃烧放出的热量与引燃样品的铁丝放出的热量之

和；右边为热量计内桶中水和热量计共同吸收的热量。实验以苯甲酸作为标准物质，目的是求取热量计的水当量 C_J 值，根据式（1）可求得待测的样品恒容燃烧热 $Q_{V,m}$，利用式（2）可求算 $Q_{p,m}$。

通常热量计都有不同程度的热损失，由此导致内桶水温测定的准确性较差。因此，可利用雷诺图解法校正内桶水温的变化值 ΔT，从而求出待测物的燃烧热。雷诺校正可校正由于热辐射、对流以及传导等引起的能量散失，使结果更加准确。

四、实验仪器与试剂

仪器：ZR-3R 燃烧热实验装置、分析天平等。

试剂：苯甲酸（A.R.）、萘。

五、实验步骤

1. 量热计及其全部附件加以整理并洗净。接上电源线，打开电源，显示此时温度探头所处位置的温度，清零。

2. 用分析天平称取约 0.7~0.8g 的苯甲酸粉末，转移至燃烧杯中，取燃烧丝称重。

3. 充氧。首先把氧弹的弹头放在弹头架上，将装有样品的燃烧杯放入燃烧杯架上，把燃烧丝的两端分别紧绕在氧弹头中的两根电极上，用万用表测量两电极间的电阻值。（两电极与燃烧杯不能相碰或短路）。把弹头放入弹杯中，用手将其拧紧。再用万用表检查两电极之间的电阻，若变化不大，则充氧。

调节氧气减压阀 1.5~2MPa，充氧，首次充氧压力值为 1MPa，随后用顶针放出余气，为置换氧弹中的空气；第二次充氧，充氧压力为 1.5MPa。充好氧气后，再用万用表检查两电极间电阻，变化不大时，将氧弹放入内桶。

4. 用一塑料桶取 2700mL 自来水，注入内桶，将点火电极插头插紧在氧弹的电极插孔上（两电极应保持干燥。如有气泡逸出，说明氧弹漏气，须取出作检查处理），盖上盖子。将温差测量仪探头插入内桶水中（探头不可碰到氧弹）。

5. 按"搅拌"键，开始搅拌。2min 后，点击"开始"，约 2~3min 后，水温稳定，基线平稳。按"点火"，待温度升至最高点，并在最高点后等待 2~3min，曲线平缓，则点击"停止"，并保存。

6. 在右边水当量测定一栏，填好样品名称以及质量、燃烧丝质量。点击"数据处理""雷诺校正""计算水当量"，并保存。

7. 实验停止后，取出温度温差仪探头放入外桶中，取出氧弹，打开氧弹出气口放出余气，最后旋下氧弹盖，检查样品燃烧结果。若弹中没有燃烧残渣，表示燃烧完全，若留有较多黑色残渣表示燃烧不完全，实验失败。用水冲洗氧弹及燃烧杯，倒去内桶中的水，用纱布擦干氧弹和盛水桶，待用。

8. 测量萘的燃烧热

称取 0.4~0.5g 萘，代替苯甲酸，重复上述实验步骤。

六、注意事项

1. 开盖前切记要取出温度温差仪探头，避免其折断。

2. 充氧时要注意须压到底，才能顺利充氧。

3. 氧弹弹体及弹头盖、内筒、搅拌器等，在使用完毕后，应用软刷刷洗，用无水乙醇冲润内壁去水，再用吹风机冷风吹干，干布擦去水迹，保持表面清洁干燥。

4. 使用完毕后，务必先关氧气瓶的总阀，再用氧弹将管中存留的氧气放掉。

5. 减压器在使用前，必须用乙醚或其它有机溶剂将零件上的油垢清洗干净。氧弹以及氧气通过的各个部件，各连接部分不允许有油污，更不允许使用润滑油。

七、思考题与问题讨论

1. 使用氧气钢瓶及减压阀应注意哪些事项？

2. 本实验中哪些是体系，哪些是环境？体系和环境通过哪些途径进行交换？对此如何进行矫正？

3. 可从文献查出 298.15K 时的标准摩尔燃烧焓，本实验偏离标准态，如何估算由此引入的误差？

实验九　凝固点降低法测定物质的摩尔质量

一、实验项目风险评估

1. 化学品危害

纯萘、环己烷属于危化品，二者具有毒性。有机溶剂（如二甲苯、苯等）具有挥发性，可能对呼吸系统有害，接触皮肤或吸入可能对健康造成危害。

2. 操作风险

实验过程中可能涉及使用加热设备，存在烫伤和火灾风险。操作有机溶剂和萘时需小心，避免溅出或接触皮肤和呼吸道。

加热操作：使用加热设备时需小心操作，确保安全加热，避免烫伤或火灾。佩戴实验手套、护目镜，穿实验服，防止皮肤和眼睛直接接触化学试剂和加热设备。小心操作有机溶剂和萘，避免溅出或接触皮肤和呼吸道。

安全加热：使用加热设备时需小心操作，确保安全加热，避免烫伤或火灾。

二、实验目的

1. 测定环己烷的凝固点降低值,计算萘的分子量。
2. 掌握溶液凝固点的测定技术。
3. 掌握冰点降低测定管、数字温差仪的使用方法,实验数据的作图处理方法。

三、实验原理

1. 凝固点降低法测分子量的原理

化合物的分子量是一个重要的物理化学参数。用凝固点降低法测定物质的分子量是一种简单而又比较准确的方法。稀溶液有依数性,凝固点降低是依数性的一种表现。稀溶液的凝固点降低(对析出物是纯溶剂的体系)与溶液中物质的质量摩尔浓度的关系式为:

$$\Delta T_f = T_f^* - T_f = K_f m_B \tag{1}$$

式中,T_f^* 为纯溶剂的凝固点;T_f 为溶液的凝固点;m_B 为溶液中溶质 B 的质量摩尔浓度;K_f 为溶剂的质量摩尔凝固点降低常数,它的数值仅与溶剂的性质有关。

已知某溶剂的凝固点降低常数 K_f,并测得溶液的凝固点降低值 ΔT,若称取一定量的溶质 $W_B(g)$ 和溶剂 $W_A(g)$,配成稀溶液,则此溶液的质量摩尔浓度 m_B 为:

$$m_B = \frac{W_B}{M_B W_A} \times 10^3 \, \text{mol} \cdot \text{kg}^{-1} \tag{2}$$

将式(2)代入式(1),则:

$$M_B = \frac{K_f W_B}{\Delta T_f W_A} \times 10^3 \, \text{g} \cdot \text{mol}^{-1} \tag{3}$$

表 1　几种溶剂的凝固点降低常数值

溶剂	水	醋酸	苯	环己烷	环己醇	萘	三溴甲烷
T_f^*/K	273.15	289.75	278.65	279.65	297.05	383.5	280.95
$K_f/(\text{K} \cdot \text{kg} \cdot \text{mol}^{-1})$	1.86	3.90	5.12	20	39.3	6.9	14.4

因此,只要称得一定量的溶质(W_B)和溶剂(W_A)配成一稀溶液,分别测纯溶剂和稀溶液的凝固点,求得 ΔT_f,再查得溶剂的凝固点降低常数(表1),代入式(3)即可求得溶质的摩尔质量。

注:当溶质在溶液里有解离、缔合、溶剂化或形成配合物等情况时,不宜用式(3)计算,一般只适用于强电解质稀溶液。

2. 凝固点测量原理

纯溶剂的凝固点是它的液相和固相共存时的平衡温度。若将纯溶剂缓慢冷却,理论上得到它的步冷曲线如图 1 中的 A，但实际的过程往往会发生过冷现象，液体的温度会下降到凝固点以下，待固体析出后会慢慢放出凝固热使体系的温度回到平衡温度，待液体全部凝固之后，温度逐渐下降，如图 1 中的 B。图中平行于横坐标的 CD 线所对应的温度值即为纯溶剂的凝固点 T_f^*。溶液的凝固点是该溶液的液相与纯溶剂的固相平衡共存的温度。溶液的凝固点很难精确测量，当溶液逐渐冷却时，其步冷曲线与纯溶剂不同，如图 1 中Ⅲ、Ⅳ。由于有部分溶剂凝固析出，剩余溶液的浓度增大，因而剩余溶液与溶剂固相的平衡温度也在下降，冷却曲线不会出现"平阶"，而是出现一个转折点，该点所对应的温度即为凝固点（Ⅲ曲线的形状）。当出现过冷时，则出现图Ⅳ的形状，此时可以将温度回升的最高值近似地作为溶液的凝固点。

3. 测量过程中过冷的影响

在测量过程中，析出的固体越少越好，以减少溶液浓度的变化，才能准确测定溶液的凝固点。若过冷，溶剂凝固越多，溶液的浓度变化太大，就会出现图 1 中Ⅴ曲线的形状，使测量值偏低。

在过程中可通过加速搅拌、控制过冷温度、加入晶种等控制过冷现象。

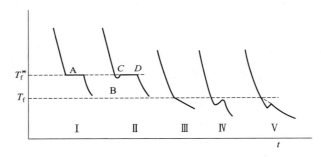

图 1　纯溶剂与溶液的步冷曲线

四、实验仪器与试剂

仪器：SWC-LG 凝固点测定仪 1 套、数字贝克曼温度计、普通温度计（0～50℃）、移液管（50mL）1 只、洗耳球、精密温度计、分析天平、台秤、烧杯、20mL 移液管一支。

试剂：纯萘、环己烷（分析纯）、碎冰。

五、实验步骤

1. 接好传感器，插入电源。

2. 打开电源开关，温度显示为实时温度，温差显示为以 20℃ 为基准的差值（但在 10℃ 以下显示的是实际温度）。

3. 锁定基温选择量程：将传感器插入水浴槽，调节寒剂温度低于测定溶液凝固点的 2～3℃，此实验寒剂温度为 3.5～4.5℃，然后将空气套管插入槽中，按下锁定键。

4. 用 20mL 移液管准确移取 20mL 环己烷加入凝固点测定试管中，橡胶塞塞紧，插入传感器。

5. 将凝固点试管直接插入寒剂槽中，观察温差，直至温度显示稳定不变，此时温度就是环己烷的初测凝固点。

6. 取出凝固点测定试管，用掌心加热使环己烷熔化，再次插入寒剂槽中，缓慢搅拌，当温度降低到高于初测凝固点的 0.5℃时，迅速将试管取出、擦干，插入空气套管中，记录温度显示数值。每 15 秒记录一次温度。

搅拌速度调节：刚开始缓慢搅拌，在温度低于初测凝固点时，加速搅拌，待温度上升时，又恢复缓慢搅拌。

7. 重复第 6 步平行再做 2 次。

8. 溶液凝固点测定：称取 0.15～0.20g 萘片加入凝固点测定试管，待完全溶解后，重复以上步骤 6、7。

9. 实验结束，拔掉电源插头。

六、注意事项

1. 在测量过程中，析出的固体越少越好，以减少溶液浓度的变化，才能准确测定溶液的凝固点。若过冷，溶剂凝固越多，溶液的浓度变化太大，测量值偏低。在过程中可通过加速搅拌、控制过冷温度，加入晶种等控制过冷度。

2. 搅拌速度的控制和温度温差仪的粗细调的固定是做好本实验的关键，每次测定应按要求的速度搅拌，并且测溶剂与溶液凝固点时搅拌条件要完全一致。温度温差仪的粗细调一经确定，整个实验过程中不能再变。

3. 纯水过冷度约 0.7～1℃（视搅拌快慢），为了减少过冷度，而加入少量晶种，每次加入晶种大小应尽量一致。

4. 寒剂槽温度对实验结果也有很大影响，过高会导致冷却太慢，过低则测不出正确的凝固点。进行后续溶液的凝固点测定实验时，可复测寒剂槽温度，确保其温度在合适范围内。

5. 凝固点的确定较为困难。先测一个近似凝固点，精确测量时，在接近近似凝固点时，降温速度要减慢，到凝固点时快速搅拌。

6. 溶液的冷却曲线与纯溶剂的冷却曲线不同，不出现平台，只出现拐点，即当析出固相，温度回升到平衡温度后，不能保持一定值，因为部分溶剂凝固后，剩余溶液的浓度逐渐增大，平衡温度要逐渐下降。

7. 用凝固点降低法测分子量只适用于非挥发性溶质且非电解质的稀溶液。

8. 插入贝克曼温度计不要碰壁与触底。

七、数据记录与处理

1. 粗测环己烷近似凝固点填入表 2。

表 2 凝固点降低过程中精测溶剂或溶液凝固点的数值

序号	环己烷(1)/℃	环己烷(2)/℃	环己烷+萘(1)/℃	环己烷+萘(2)/℃
1				
2				
3				
4				
5				
6				

2. 称量的萘的质量：_____。

实验数据的处理：由环己烷的密度，计算所取环己烷的质量 W_A。室温 t 时环己烷密度计算公式为：$\rho_t/(g \cdot cm^{-3}) = 0.7971 - 0.8879 \times 10^{-3} t/℃$。

环己烷质量为：$W_A = V \times \rho_t = 20.00 \times 0.7745 = 15.49 g$

3. 将实验数据列入表 3 中

表 3 凝固点降低实验数据

物质	质量/g	凝固点/℃		凝固点降低值/℃
		测量值	平均值	
环己烷				
萘				

4. 根据式(3)，由所得数据计算萘的分子量，并计算与理论值的相对误差。

$$K_f = 20 K \cdot kg \cdot mol^{-1}$$

$$M_B = \frac{K_f W_B}{\Delta T_f W_A} \times 10^3 g$$

查文献可得：萘的分子量为 $128.18 g \cdot mol^{-1}$，相对误差为 4.1%。

5. 根据四组数据作出冷却曲线图。

八、思考题与问题讨论

1. 为什么要先测近似凝固点？
2. 根据什么原则考虑加入溶质的量？太多或太少影响如何？
3. 测凝固点时，纯溶剂温度回升后有一恒定阶段，而溶液则没有，为什么？
4. 影响凝固点精确测量的因素有哪些？
5. 当溶质在溶液中有离解、缔合和生成配合物的情况时，对其摩尔质量的测定值有何影响？

实验十　配合物的组成及不稳定常数测定

一、实验项目风险评估

1. 化学品危害

硫酸铜、H_2SO_4、NaOH 均属于危化品。

磺基水杨酸（SSA）是一种有机试剂，水溶性好、稳定、无毒，对过渡金属和重金属离子具有较强的配位能力，是化学分析中一种常用的试剂。

硫酸铜对胃肠道有刺激作用，误服引起恶心、呕吐、口内有铜性味、胃烧灼感；严重者有腹绞痛、呕血、黑便；可造成严重肾损害和溶血，出现黄疸、贫血、肝大、血红蛋白尿、急性肾功能衰竭和尿毒症；对眼和皮肤有刺激性。长期接触可发生接触性皮炎和鼻、眼黏膜刺激并出现胃肠道症状，经稀释的洗液放入废水系统。如大量泄漏，收集回收或运至废弃处理场所处置。

2. 操作风险

可能涉及有毒、有腐蚀性或易燃化学品，穿戴适当的防护装备，如实验服、手套、护目镜等。正确处理和储存化学品，避免接触皮肤或吸入有害气体。遵守实验操作规程，按照标准程序进行实验操作。定期检查设备和实验环境，确保设备正常运行并保持实验环境清洁。

二、实验目的

1. 学会用等摩尔系列法测定配合物的组成、不稳定常数的基本原理和实验方法。
2. 计算配位反应的标准自由能变化。
3. 熟练掌握测定溶液 pH 值和吸光度的操作技术。

三、实验原理

络合物 MX_n 在水溶液中的配位与解离反应式为：

$$MX_n \rightleftharpoons M + nX$$

达到平衡时：

$$K_{\text{不稳}} = \frac{[M][X]^n}{[MX_n]}$$

式中，$K_{\text{不稳}}$ 为配合物的不稳定常数；$[M]$、$[X]$ 和 $[MX_n]$ 分别为配位平衡时金属离子、配体和配合物的浓度，n 为配合物的配位数。

在配位反应中，常伴有颜色的明显变化，因此研究这些配合物的吸收光谱可以测定它们的组成和不稳定常数。测定的方法较多，本实验采用应用最广的等摩尔系列法测定 Cu(Ⅱ)-磺基水杨酸配合物的组成和不稳定常数。

在维持金属离子 M 和配体 X 总浓度不变的条件下，取相同浓度的 M 溶液和 X 溶液配成一系列 $\dfrac{c_M}{c_M+c_X}$ 值不同的溶液，这一系列溶液称为等摩尔系列溶液。当所生成的配合物 MX_n 的浓度最大时，配合物的配位数 n 可按下述简单关系直接由溶液的组成求得：$n = \dfrac{c_X}{c_M}$。

显然，通过测定某一随配合物含量发生相应变化的物理量，例如吸光度 A 的变化，绘制组成-性质图，从曲线的极大点便可直接得到配合物的组成。

配合物的浓度和吸光度的关系符合 Lambert-Beer 定律：

$$A = \lg \dfrac{I_0}{I} = acl$$

式中，A 为吸光度；I_0 为入射光强度；I 为透过光强度；a 为摩尔吸光系数；c 为溶液浓度；l 为比色皿光径长度。

利用分光光度计测定溶液吸光度 A，按照吸光度 A 与浓度 c 的关系，即可求得配合物的组成。不同配合物的组成-吸光度图具有不同的形式。

(1) 稳定配合物：配合物的解离度很小时，曲线表现有明显的极大点（图1）。由极大点所对应的 c_M 和 c_X 的比值即可确定该配合物的组成。溶液太稀时，极大点不明显，但配合物组成不变。

(2) 不稳定配合物：配合物容易解离时，得到的曲线极大点较不明显。金属离子和配位体总浓度越小时，解离度越大，曲线极大点越不明显（图2）。如果在 X 和 M 点作曲线的切线 XO 和 MO（以虚线表示），两线交于 O 点，O 点与曲线极大点的组成相同。由 O 点对应的摩尔分数值可求得配合物的组成。

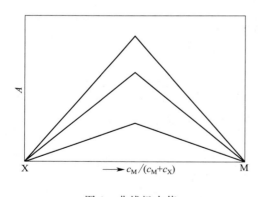

图 1　曲线极大值

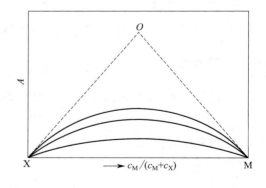

图 2　曲线极大点不明显

虚线代表配合物未解离的吸光度变化的情形。在极大点的左半部分配体过剩，右半部分金属离子过剩，在这两部分，配合物的解离度较小，因此曲线与虚线偏差较小。接近极大点时，配合物解离度变大，与虚线偏差较大，因而吸光度-组成图为一圆滑曲线。

倘若金属离子 M 及配体 X 与配合物在同一波长均有一定程度的吸收，此时所观察到的吸光度 A 并不仅由配合物吸收引起，必须加以校正，校正方法如下：在吸光度-组成图上，连接配体浓度为零和金属离子浓度为零的两点的直线，该直线代表的不同组成溶液吸光度值可以认为是由金属离子 M 和配体 X 吸收所引起的，因此把实验所观察到的吸光度值 A 减去对应组成上该直线读得的吸光度值 A''，所得的差值 $\Delta A = A - A'$ 就是该溶液中配合物的吸光度值。然后作 $\Delta A - \dfrac{c_M}{c_M + c_X}$ 图，从极大点可求得配合物的组成。

欲得到较好的结果，应选择被测溶液最适宜的波长。其方法是通过测定不同波长时该溶液的吸光度，作波长-吸光度曲线，从中选择配合物吸光度较大而其他离子吸光度较小的波长。本实验选择 700nm。

配合物的组成与溶液的 pH 值有关，例如 Cu(Ⅱ)-磺基水杨酸络合物，pH 值在 3.0～5.5 时形成 MX 型，pH 值在 8.5 以上时形成 MX_2 型，而 pH 值在 5.5～8.5 时则由 MX 型向 MX_2 型转化。

磺基水杨酸的结构如下：

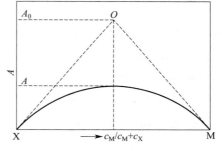

—SO_3H 中的 H 在水溶液中易解离；—COOH 中的 H 在水溶液中较易解离；—OH 中的 H 在水溶液中较难解离。

在配合物明显解离的情形下，用等摩尔系列法得到图 3 中的曲线，并作切线交于 O 点。设 O 点的吸光度为 A_0。曲线极大点的吸光度为 A，则配合物的解离度 α 为：

$$\alpha = \frac{A_0 - A}{A_0}$$

对于 MX 型配合物，$K_{\text{不稳}}^{\ominus} = \dfrac{c_0 \alpha^2}{1-\alpha}$，故将该

图 3　用等摩尔法得到的曲线

配合物浓度 c 及上面求出的 α 代入此式即可算出不稳定常数。通常，配合物溶液的吸光度与温度有关。不过 Cu(Ⅱ)-磺基水杨酸配合物溶液的吸光度在 20～30℃ 随温度变化很小，在实验误差范围之内。

四、实验仪器与试剂

仪器：722 型分光光度计、容量瓶（50mL）、移液管（25mL）、酸度计、烧杯（50mL）。

试剂：磺基水杨酸溶液（0.1mol·L^{-1}）、硫酸铜溶液（0.1mol·L^{-1}）、H$_2$SO$_4$ 溶液（0.25mol·L^{-1}，0.5mol·L^{-1}）、H$_2$SO$_4$ 溶液（pH＝4.50）、NaOH 溶液（0.5mol·L^{-1}）、NaOH 溶液（1.0mol·L^{-1}）

五、实验步骤

1. 等摩尔系列溶液的配制

（1）当溶液的总浓度（c_M+c_A）均为 0.038mol·L^{-1} 时，其中 $\dfrac{c_M}{c_M+c_X}$ 分别为 0、0.1、0.2、0.3、0.4、0.5、0.6、0.7、0.8、0.9 及 1.0。分别计算每个溶液中所需的硫酸铜溶液和磺基水杨酸溶液的用量。

（2）分别用移液管量取一定量的硫酸铜溶液和磺基水杨酸溶液于 50mL 烧杯中，在酸度计监测的条件下，用 NaOH 溶液或 H$_2$SO$_4$ 溶液调整上述溶液的 pH＝4.50（先用较浓溶液粗调，当 pH 值接近 4.50 时，再用较稀溶液细调）。然后将被测溶液移入对应的 50mL 容量瓶中。用少量 pH＝4.50 的硫酸冲洗电极及烧杯，将冲洗液移入容量瓶中，最后用 pH＝4.50 的硫酸溶液稀释至刻度。

2. 等摩尔系列溶液吸光度的测定

用分光光度计检测溶液的吸光度。测试条件为：比色皿的光路长度为 10mm，pH＝4.50 的硫酸溶液为标准液，测定波长为 700nm。注意：分光光度计在使用前进行校正。

六、注意事项

1. 为了保证所配溶液为澄清溶液，在调整溶液的 pH 值时，滴加硫酸或氢氧化钠的速度不能过快。当出现混浊时，先用硫酸将沉淀溶解，再重新用较低浓度的氢氧化钠调节溶液的 pH 值。

2. 电极上残留的溶液一定要冲洗干净，冲洗液并入容量瓶中。

3. 比色皿中的溶液量要适中，外壁要干燥。

七、数据处理与记录

1. 配合物组成的计算

$\dfrac{c_M}{c_M+c_X}$	0	0.1	0.2	0.3	0.4	0.5	0.6	0.7	0.8	0.9	1.0
$V_{硫酸铜}$/mL											
$V_{磺基水杨酸}$/mL											
吸光度/mL											
直线上对应的吸光度 A'											
吸光度差值 ΔA											

(1) 作 $\dfrac{c_M}{c_M+c_X}$ 曲线图，连接 $\dfrac{c_M}{c_M+c_X}$ 为 0 和 1.0 时两点的吸光度得到一条直线，求得不同组成溶液中由金属离子 M 和配体 X 吸收所产生的吸光度 A'，进而求得相应各溶液的 ΔA（即 $A-A'$）。

(2) 作 $\Delta A - \dfrac{c_M}{c_M+c_X}$ 曲线图，通过 $\dfrac{c_M}{c_M+c_X}$ 为 0 和 1.0 处分别作切线，两切线交于一点 O（吸光度 A_0），由 O 点作垂直线与曲线交于一点 Y（吸光度 A，曲线的极大点）。根据此时 c_M 和 c_A 的值，由 $n=\dfrac{c_X}{c_M}$ 确定配合物的 n 值。

2. 配合物不稳定常数的计算

根据 $\Delta A - \dfrac{c_M}{c_M+c_X}$ 曲线图中的 A_0 和 A，计算解离度 α：

$$\alpha = \frac{A_0 - A}{A_0}$$

3. 配合物的不稳定常数计算

$$K_{\text{不稳}}^{\ominus} = \frac{c_0 \alpha^2}{1-\alpha}$$

4. 配位反应的标准自由能变化值的计算

$$\Delta_r G_m^{\ominus} = -RT \ln \frac{1}{K_{\text{不稳}}^{\ominus}}$$

八、思考题与问题讨论

1. 如果电极上的残留溶液未并入容量瓶中，对测试结果有什么影响？
2. 如果实验过程中出现混浊，是由什么原因造成的？反应方程式是什么？如何避免出现混浊？

实验十一　电池电极制备及电动势测定

一、实验项目风险评估

1. 化学品危害

硫酸锌、硫酸铜、纯汞、硫酸、硝酸、$CuSO_4 \cdot 5H_2O$、H_2SO_4、C_2H_5OH 均属于危化品。

硫酸锌：对眼有中等刺激性，误服硫酸锌可能会引起恶心、呕吐、腹痛、腹泻等急性胃肠炎症状，严重时可能导致脱水、休克，甚至死亡。此外，硫酸锌对环境也有危害，能够污染水体，在操作时需要采取一系列安全措施，如密闭操作、局部排风、防止粉尘释放到车间空气中，以及避免与氧化剂接触等。

汞：具有毒害、腐蚀、爆炸、燃烧、助燃等性质，对人体、设施、环境具有危害。因此，处理和使用汞时必须采取适当的安全措施，如密封阴凉通风处保存，以防止其对人类健康和环境造成危害。

硝酸：具有强氧化性、腐蚀性的易制爆公安管制危险化学品。

2. 操作风险

在电极制备及电池电动势的测定过程中，风险评估是至关重要的，以确保实验的安全性和数据的准确性。电极制备中常用的原料包括石墨、金属粉末、电解质等。这些原料可能具有易燃、易爆、有毒等特性，需要妥善存储和处理。电解质溶液通常具有腐蚀性，可能对皮肤、眼睛等造成刺激或伤害。操作时应佩戴防护眼镜和手套。

二、实验目的

1. 学会铜电极、锌电极和甘汞电极的制备和处理方法。
2. 掌握电位差计的测量原理和测定电池电动势的方法。
3. 加深对原电池、电极电势等概念的理解。

三、实验原理

电池由正、负两个电极组成，电池的电动势等于两个电极电势的差值。

$$E = \varphi_+ - \varphi_-$$

式中，φ_+ 是正极的电极电势；φ_- 是负极的电极电势。

以 Cu-Zn 电池为例：

电池符号： $Zn \mid ZnSO_4(a_1) \parallel CuSO_4(a_2) \mid Cu$

负极反应： $Zn \longrightarrow Zn^{2+} + 2e^-$

正极反应： $Cu + 2e^- \longrightarrow Cu^{2+}$

电池中总的反应为： $Zn + Cu^{2+} \Longrightarrow Cu + Zn^{2+}$

Zn 电极的电极电势： $\varphi_{Zn^{2+}/Zn} = \varphi^{\ominus}_{Zn^{2+}/Zn} - \dfrac{RT}{2F} \ln \dfrac{a_{Zn}}{a_{Zn^{2+}}}$

Cu 电极的电极电势： $\varphi_{Cu^{2+}/Cu} = \varphi^{\ominus}_{Cu^{2+}/Cu} - \dfrac{RT}{2F} \ln \dfrac{a_{Cu}}{a_{Cu^{2+}}}$

Cu-Zn 电池的电池电动势为：
$$\begin{aligned} E &= \varphi_{Cu^{2+}/Cu} - \varphi_{Zn^{2+}/Zn} \\ &= \varphi^{\ominus}_{Cu^{2+}/Cu} - \varphi^{\ominus}_{Zn^{2+}/Zn} - \dfrac{RT}{2F} \ln \dfrac{a_{Cu} \, a_{Zn^{2+}}}{a_{Cu^{2+}} \, a_{Zn}} \\ &= E^{\ominus} - \dfrac{RT}{2F} \ln \dfrac{a_{Cu} \, a_{Zn^{2+}}}{a_{Cu^{2+}} \, a_{Zn}} \end{aligned}$$

纯固体的活度为1：

$$a_{Cu} = a_{Zn} = 1$$

$$E = E^{\ominus} - \frac{RT}{2F} \ln \frac{a_{Zn^{2+}}}{a_{Cu^{2+}}}$$

在一定温度下，电极电势的大小取决于电极的性质和溶液中有关离子的活度。由于电极电势的绝对值不能测量，在电化学中，通常将标准氢电极的电极电势定为零，其他电极的电极电势值是与标准氢电极比较而得到的，即假设标准氢电极与待测电极组成一个电池，并以标准氢电极为负极，待测电极为正极，这样测得的电池电动势数值就作为该电极的电极电势。由于使用标准氢电极条件要求苛刻，难于实现，故常用一些制备简单、电势稳定的可逆电极作为参考电极来代替，如甘汞电极、银-氯化银电极等。这些电极与标准氢电极比较而得到的电势值已精确测出，在物理化学手册中可以查到。

电池电动势不能用伏特计直接测量。因为当把伏特计与电池接通后，由于电池放电，不断发生化学变化，电池中溶液的浓度将不断改变，因而电动势值会发生变化。另一方面，电池本身存在内电阻，所以伏特计所测量的只是两极上的电势降，而不是电池的电动势，只有在没有电流通过时的电势降才是电池真正的电动势。电位差计是可以利用对消法原理测量电势差的仪器，即能在电池无电流（或极小电流）通过时测得其两极的电势差，这时的电势差就是电池的电动势。

另外，当两种电极的不同电解质溶液接触时，在溶液的界面上总有液体接界电势存在。在测量电动势时，常应用盐桥使原来产生显著液体接界电势的溶液彼此不直接接界，降低液体接界电势到毫伏数量级以下。用得较多的盐桥有 KCl（$3\text{mol} \cdot \text{L}^{-1}$ 或饱和）、KNO_3、NH_4NO_3 等溶液。

四、实验仪器与试剂

仪器：电位差计、检流计、标准电池、低压直流电源、砂纸、滑线电阻、电流表（0～50mA）、电线、铜电极、锌电极、铜片、电极管、洗耳球、烧杯（50mL）、饱和甘汞电极。

试剂：氯化钾溶液、硫酸锌溶液、硫酸铜溶液、纯汞、稀硫酸、稀硝酸、镀铜溶液、$CuSO_4 \cdot 5H_2O$、C_2H_5OH。

五、实验步骤

1. 电极制备

（1）锌电极：先用稀硫酸（约 $3\text{mol} \cdot \text{L}^{-1}$）洗净锌电极表面的氧化物，再用蒸馏水淋洗，然后浸入汞中 3～5s，用滤纸轻轻擦拭电极，使锌电极表面上有一层均匀的汞齐，再用蒸馏水冲洗干净（用过的滤纸不要随便乱丢，应投入指定的有盖广口瓶内，以便统一处理）把处理好的电极插入清洁的电极管内并塞紧，将电极管的虹吸管口浸入盛有 $0.10\text{mol} \cdot \text{L}^{-1}$ $ZnSO_4$ 溶液的小烧杯内，用洗耳球自支管抽气，将溶液吸入电极管直至浸没电极略高一点，停止抽气，旋紧螺旋夹。电极装好后，虹吸管内（包括管口）不能有气泡，也不能有漏液现象。

（2）铜电极：先用稀硝酸（约 6mol·L^{-1}）洗净铜电极表面的氧化物，再用蒸馏水淋洗，然后把它作为阴极，另取一块纯铜片作为阳极，在镀铜溶液内进行电镀，其装置如图 1 所示。

电镀的条件是：电流密度为 25mA·cm^{-2} 左右，电镀时间为 20～30min。

电镀后应使铜电极表面有一紧密的镀层，取出铜电极，用蒸馏水冲洗，插入电极管，按上法吸入浓度为 0.1000mol·L^{-1} 的 CuSO$_4$ 溶液。

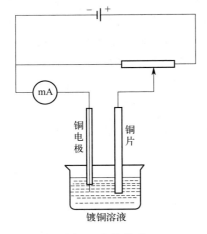
图 1　电镀装置

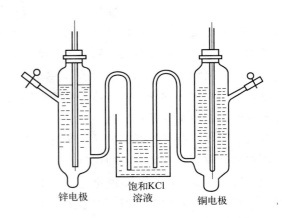
图 2　电池装置

2．电池电动势的测量

（1）按规定接好电位差计，测量电池电动势。

（2）以饱和 KCl 溶液为盐桥，按图 2 分别将上面制备好的电极组成电池，并接入电势差计的测量端，测量其电动势。有如下 Cu-Zn 电池组合：

① Zn/ZnSO$_4$(0.1000mol·L^{-1}) ‖ KCl(饱和)｜Hg$_2$Cl$_2$｜Hg。

② Hg｜Hg$_2$Cl$_2$｜KCl(饱和) ‖ CuSO$_4$(0.1000mol·L^{-1})｜Cu。

③ Zn｜ZnSO$_4$(0.1000mol·L^{-1}) ‖ CuSO$_4$(0.1000mol·L^{-1})｜Cu。

六、注意事项

1．铜电极电镀前应认真处理表面，将其用金相砂纸磨光，做到光亮平整；电镀好的电极不宜在空气中暴露过长时间，防止镀层氧化，应尽快洗净并置于电极管内的溶液中，放置半小时，待其建立平衡，再进行测量。

2．组成电池的电极管的虹吸管部位不能有气泡。

3．标准电池不能接反、不能倒置。

七、数据记录与处理

1．记录三组电池的电动势测定值。

2. 根据物理化学数据手册上的饱和甘汞电极的电极电势数据,以及①、②两组电池的电动势测定值,计算铜电极和锌电极的电极电势。

3. 已知 25℃ 时 $0.1000 mol \cdot L^{-1}$ $CuSO_4$ 溶液中铜离子的平均离子活度系数为 0.16, $0.1000 mol \cdot L^{-1}$ $ZnSO_4$ 溶液中锌离子的平均离子活度系数为 0.15,根据上面所得的铜电极和锌电极的电极电势计算铜电极和锌电极的标准电极电势,并与物理化学数据手册上所列的标准电极电势数据进行比较。

八、思考题与问题讨论

1. 为什么不能用伏特计测量电池电动势?
2. 对消法测量电池电动势的主要原理是什么?
3. 应用 UJ-25 型电势差计测量电动势过程中,若检流计光点总往一个方向偏转,可能是什么原因?

实验十二 丙酮碘化反应速率常数及活化能的测定

一、实验项目风险评估

1. 化学品危害

碘、盐酸、丙酮均属于危化品。

碘:具有腐蚀性和毒性;高剂量的碘可以导致急性中毒症状,包括口干、呕吐、腹泻、头痛、眩晕、昏迷甚至死亡;碘通常以固体形式存在,因此在储存时应将其放置在密封的容器中,以防止与空气中的水分和氧气接触,从而减少可能的氧化反应;在处理碘或碘化合物时,必须采取适当的个人防护措施,如戴手套、穿长袖衣服和戴呼吸面具,以防止皮肤接触和吸入碘蒸气。在处理碘时要小心谨慎,避免产生粉尘或蒸气,以减少有毒气体的释放和接触。在可能的情况下,应当避免与其他化学物质混合,以防止发生不必要的反应和危险。

2. 操作风险

由于测定反应速率常数和活化能需要准确控制实验条件和操作步骤,操作失误可能导致实验结果不准确或实验失败。实验者应具备化学实践经验和操作技能,规范操作程序。实验结束后生成的废弃物需要正确处理,包括将化学废弃物分类存放。在实验中如发生事故或受伤,需要及时进行急救处理。实验者应熟悉急救程序和应急措施。

二、实验目的

1. 加深对复杂反应特征的理解,掌握用孤立法确定反应级数。

2. 掌握用分光光度计测定酸催化丙酮碘化反应的速率常数和活化能的实验方法。

三、实验原理

丙酮碘化反应方程式为：$CH_3COCH_3 + I_2 \longrightarrow CH_3COCH_2I + H^+ + I^-$

H^+ 是反应的催化剂，由于丙酮碘化反应本身生成 H^+，所以这是一个自动催化反应。实验证明丙酮碘化反应是一个复杂反应，一般可分为两步进行，即：

丙酮的烯醇化反应 $\qquad CH_3COCH_3 \xrightarrow{H^+} CH_3CO=CH_2$ （Ⅰ）

烯醇的碘化反应 $\qquad CH_3CO=CH_2 + I_2 \longrightarrow CH_3COCH_2I + H^+ + I^-$ （Ⅱ）

反应（Ⅰ）是丙酮的烯醇化反应，反应可逆且进行得很慢。反应（Ⅱ）是烯醇的碘化反应，反应快速且能进行到底。因此，丙酮碘化反应的总反应速率可认为是由反应（Ⅰ）所决定，其反应速率方程可表示为：

$$\frac{dc_{I_2}}{dt} = k c_A c_{H^+} \tag{1}$$

式中，c_{I_2}、c_A、c_{H^+} 分别为碘、丙酮、酸的浓度；k 为反应速率常数。如果反应物碘是少量的，而丙酮和酸对碘是过量的，则认为在反应过程中丙酮和酸的浓度基本保持不变。在酸的浓度不太大的情况下，丙酮碘化反应对碘是零级反应，进而对式(1) 积分，得：

$$-c_{I_2} = k c_A c_{H^+} t + B \tag{2}$$

式中，B 是积分常数。由 c_{I_2} 对时间作图，可求得反应速率常数 k 值。

因为碘溶液在可见光区有宽的吸收带，而在此吸收带中，盐酸、丙酮、碘化丙酮和碘化钾溶液则没有明显的吸收，所以可以采用分光光度法直接测量碘浓度的变化。

根据朗伯-比尔定律：

$$A = \varepsilon L c_{I_2} \tag{3}$$

将式(2) 代入式(3)，得：

$$A = -k \varepsilon L c_A c_{H^+} t - B \tag{4}$$

式(4) 中，εL 可通过测定一已知浓度碘溶液的吸光度 A，代入式(3) 而求得。当 c_A 和 c_{H^+} 浓度已知时，只要测出不同时刻反应物的吸光度 A，作 A-t 图，由直线的斜率可求出丙酮碘化反应速率常数 k 值。由两个或两个以上温度下的速率常数，根据阿仑尼乌斯公式，可以估算反应的活化能 E_a 的值。

$$E_a = \frac{RT_1 T_2}{T_2 - T_1} \ln \frac{k_2}{k_1}$$

四、实验仪器与试剂

仪器：721 型分光光度计、超级恒温槽、停表、25mL 容量瓶 2 只、比色皿、50mL 容量瓶、5mL 移液管 3 支。

试剂：0.050mol·L^{-1} 碘溶液（含 4% KI）、2.00mol·L^{-1} HCl 标准溶液、2.00mol·L^{-1} 丙酮溶液。

五、实验步骤

1. 测定 εL 值

调整分光光度计的光路，测量波长定为 590nm，在恒温比色皿中注入蒸馏水，调节吸光度零点，用水配制 $0.0050\text{mol}\cdot\text{L}^{-1}$ 的碘溶液，将其注入恒温比色皿中，测其吸光度，平行测量三次。

2. 测定反应速率常数

（1）分别移取 5.00mL $0.050\text{mol}\cdot\text{L}^{-1}$ 碘溶液和 5.00mL $2.00\text{mol}\cdot\text{L}^{-1}$ HCl 标准溶液于 25mL 容量瓶中，加入少量水，再移取 5.00mL $2.00\text{mol}\cdot\text{L}^{-1}$ 的丙酮溶液于 50mL 容量瓶中，加适量水。混合前两个容量瓶中溶液的总体积不得超过 50mL，然后在另一 25mL 容量瓶中注入 25mL 蒸馏水，三个容量瓶一同放入 25℃恒温槽中恒温 10min。恒温后，小心将碘酸混合溶液倾入丙酮溶液中，迅速摇动，加温水至刻度，然后注入比色皿中，按下停表开始计时，每 2min 读一次吸光度 A_t 值，直到 A_t 值小于 0.05 为止（测量中随时用蒸馏水校正吸光度 A 的零点）。

（2）升温到 35℃，按上述步骤，重新测定反应 t 时刻的 A_t 值，每 1min 测一次 A_t 值。

六、注意事项

（1）温度影响反应速率常数，实验时体系始终要恒温。
（2）实验所需溶液均要准确配制。
（3）混合反应溶液时要在恒温槽中进行，操作必须迅速准确。
（4）每次用蒸馏水调吸光度零点后，方可测其吸光度值。

七、数据记录与处理

1. 由已知碘溶液的浓度和测得的吸光度值，计算 εL 值。
2. 由不同 t 时的 A_t 值，绘制 A_t-t 图，求出直线斜率；由直线斜率计算反应速率常数 k 值。
3. 将 25℃、35℃的反应速率常数值代入阿仑尼乌斯公式中，计算该反应总活化能 E_a 值。

八、思考题与问题讨论

1. 本实验中，丙酮碘化反应按几级反应处理，为什么？
2. 若想使反应按一级反应处理，在反应液配制时应采用什么手段？写出实验方案。
3. 影响本实验结果精确度的主要因素有哪些？

第六章 综合创新化学实验

实验一 固体电解质 LSMN 的制备及离子电导性能

一、实验项目风险评估

1. 化学品危害

La_2O_3、Sm_2O_3、MoO_3、Nb_2O_5 均是金属氧化物，PVA 是危化品。

PVA：即聚乙烯醇，可燃，在特定条件下，与空气可以形成爆炸性混合物，遇到火星可能会发生爆炸。PVA 对人体有一定的健康危害，特别是对眼睛和皮肤有刺激作用，吸入、摄入或经皮肤吸收后，可能会对身体造成伤害；因此，在使用和处理 PVA 时，需要采取适当的安全措施，如佩戴防护眼镜和手套，避免吸入粉尘。在发生泄漏时采取适当的应急措施，如隔离泄漏污染区、切断火源等。

氧化镧：具有一定的危害性，刺激眼睛。操作人员应做好防护，若不慎触及皮肤和眼睛，应立即用流动的清水冲洗。

氧化钼：具有毒性。

2. 操作风险

使用电阻炉时，切勿超过炉子的最高温度。使用时炉门要轻开轻关，以防损坏机件。注意用电安全。

二、实验目的

1. 了解固体电解质一般知识和固相法合成固体电解质。
2. 制备新型固体电解质及测定其电导性能。

三、实验原理

近些年来对氧离子导体的报道很多，氧离子导体在固体氧化物燃料电池（SOFC）、氧传感器、氧泵及透氧膜等方面有着重要的应用价值和广泛的应用前景。La 位掺杂稀

土元素能够抑制 $La_2Mo_2O_9$ 从高温稳定的 β-相到低温 α-相的相变，主要集中在 $La_2Mo_2O_9$ 不同位置进行掺杂，抑制相变的发生及进一步提高电导率。目前对钼酸镧单相掺杂比较多，在 La 位掺杂 Sm^{3+}、Ba^{2+}、Ca^{2+}、Sr^{2+}、Nd^{3+}、Bi^{2+} 等离子，在 Mo 位掺杂 Al^{3+}、W^{6+}、Nb^{5+}、Si^{3+}、Cu^{2+}、Ta^{2+}、Ga^{2+} 等离子。

采用钐（Sm）、铌（Nb）取代了部分 La 和 Mo 位点，用固相法制备了 $La_{1.7}Sm_{0.3}Mo_{2-x}Nb_xO_{9-\delta}$（$x=0.1 \sim 0.6$）电解质。固体电解质工作的原理主要是通过引入外部电场来促使离子在固体中移动，从而产生电解质导电现象。当外部电场施加到固体电解质上时，正负电荷的离子会被吸引向反方向移动，正离子向负极移动，负离子向正极移动。这种移动过程将引起电荷在材料内部的传导，形成电流。

四、实验仪器与试剂

仪器：扫描电镜、傅立叶变换红外光谱仪、X 射线衍射仪、分析天平、电化学阻抗谱仪、研钵、SX-2-4-13 箱式电阻炉、压片机、坩埚、KSL-1700X 程序升温高温箱式控温炉。

试剂：La_2O_3、Sm_2O_3、MoO_3、Nb_2O_5、PVA 溶液。

五、实验流程、步骤

1. $La_{1.7}Sm_{0.3}Mo_{2-x}Nb_xO_{9-\delta}$ 的合成

$La_{1.7}Sm_{0.3}Mo_{2-x}Nb_xO_{9-\delta}$（$x=0.1, 0.2, 0.3, 0.4, 0.5, 0.6$）使用高温固相法制备。反应方程式为：

$$\frac{1.7}{2}La_2O_3 + \frac{0.3}{2}Sm_2O_3 + \frac{2-x}{2}MoO_3 + xNb_2O_5 \xrightarrow{高温} La_{1.7}Sm_{0.3}Mo_{2-x}Nb_xO_{9-\delta}$$

（1）固体氧化物的称取

根据反应物对应摩尔比 $n_{La_2O_3} : n_{Sm_2O_3} : n_{MoO_3} : n_{Nb_2O_5} = \frac{1.7}{2} : \frac{0.3}{2} : 2-x : \frac{x}{2}$ 称取相对应氧化物，进行固相混合。

（2）固体氧化物的研磨

将称取的氧化物混合物加入研钵中，研磨 2h。

（3）固体的煅烧及再次研磨

将研磨好的物质，再转移至坩埚中，在 SX-2-4-13 箱式电阻炉中 700℃ 煅烧 8h。取出后充分研磨，得到固体粉末。

（4）固体粉末压片及烧结

向固体粉末加入 1mL PVA 溶液（20%，自制）研磨造粒，制成圆形薄片，在程序升温高温箱式控温炉中升温至 1100℃ 烧结，保温 10h。

2. $La_{1.7}Sm_{0.3}Mo_{2-x}Nb_xO_{9-\delta}$ 性能测定

（1）材料的表征

用 X 射线衍射仪对样品的晶体结构进行 XRD 分析；用扫描电镜对煅烧后的粉末微观结构形貌进行观察，用傅立叶变换红外光谱仪通过测定样品原子间的相对振动和分子转动来确定粉体物质结构。

（2）材料的电化学性能分析

进行样品的电性能测试前将经过抛光处理后的烧结陶瓷片正反两面涂覆银浆，在 800℃保温 10min，使电极与电解质接触良好。用 CHI660C 系列电化学工作站对陶瓷烧结片进行界面极化电阻的测试，测试温度为 300~800℃，置于管式炉中以 10℃·min^{-1} 的升温速度加热至 300℃，保温 15min 后开始以 2℃·min^{-1} 的速度升温，每升高 50℃保温 10min，进行界面极化电阻的测试，测试频率范围为 0.01Hz~100kHz，交流信号电压为 5mV。

六、实验结果与问题讨论

1. 进行产品物理性能描述。
2. 在什么情况下电导率最大，阻抗最小？
3. 计算该固体电解质 $La_{1.7}Sm_{0.3}Mo_{2-x}Nb_xO_{9-\delta}$ 的电导率。

实验二　复合光催化剂 CdS/Mn_3O_4 制备及光水解制氢性能

一、实验项目风险评估

1. 化学品危害

二水合乙酸镉、四水合乙酸锰、硫脲、乙二胺、无水硫化钠、九水亚硫酸钠、无水乙醇均属于危化品。

二水合乙酸镉：使用防护手套和安全护目镜，避免吸入粉尘和皮肤接触，在眼睛接触后需要用大量水冲洗；此外，乙酸镉不可燃，但在火焰中会释放出刺激性或有毒烟雾，因此在周围环境着火时使用干粉灭火剂、二氧化碳灭火剂、砂土等进行灭火，并防止粉尘扩散。

乙二胺：属于易制爆管制危化品。

硫化钠：具有强烈的腐蚀性和毒性，能够灼伤人体组织并对金属等物品造成损伤。

2. 操作风险

应佩戴必要的防护用具，全程穿实验工作服，佩戴手套，必要时要求穿戴口罩、防护眼镜等实验安全防护用品;注意微波炉操作安全、使用乙醇安全等;使用大型仪器检测设备,在老师指导下规范操作;光催化实验中注意检查系统气密性和玻璃操作安全。

二、实验目的

1. 了解半导体光催化技术的基本原理。
2. 了解半导体异质结复合光催化剂的光生载流子转移机制。
3. 制备半导体 p-n 结型半导体复合材料,对其进行结构表征并评价其光解水制氢性能。

三、实验原理

在本实验中,以二价 Cd^{2+}、Mn^{2+} 为构晶金属离子,以空气中的氧气为氧化剂,采用简捷的一锅法微波辅助液相化学合成技术,制备出 p-n 结型 CdS/Mn_3O_4 纳米复合光催化材料。复合材料由平均粒径约 20nm 的 CdS 纳米晶锚定在纺锤体的 Mn_3O_4 纳米颗粒上构成。这种"天线结构"不仅大大提高了 CdS 的原子经济性,在可见光辐照下产生更多的光生载流子;而且形成紧密的 p-n 结异质界面,在界面处形成内电场,促进光生电荷在界面上迁移和空间上的分离,大大提升光生电荷的分离迁移效率。此外,CdS 价带(VB)上的空穴(h^+)在 p-n 结界面处迁移到 Mn_3O_4 的 VB 上,大大阻滞 CdS 在光催化过程中光腐蚀反应。得益于复合材料增强的可见光吸收、光生载流子在空间上的高效分离和抑制 CdS 光腐蚀,复合纳米结构体现了协同增强的太阳光催化分解水制氢性能。

合成实验以二价 Cd^{2+}、Mn^{2+} 为构晶金属离子,硫脲(H_2NCSNH_2,Tu)为硫源,乙二胺($C_2H_8N_2$,en)为有机碱,以空气中的氧气为氧化剂,以去离子水为溶剂,采用一锅法微波辅助液相化学合成技术,制备出具有 p-n 结型的 CdS/Mn_3O_4 纳米复合光催化材料,主要化学反应方程式可表示如下:

$$Cd^{2+} + xTu \longrightarrow [Cd(Tu)_x]^{2+} \tag{1}$$

$$H_2N(CH_2)_2NH_2 + 2H_2O \longrightarrow {}^+H_3N(CH_2)_2NH_3^+ + 2OH^- \tag{2}$$

$$6Mn^{2+} + O_2 + 12OH^- \longrightarrow 2Mn_3O_4\downarrow + 6H_2O \tag{3}$$

$$Tu + 2H_2O \longrightarrow 2NH_4^+ + S^{2-} + CO_2\uparrow \tag{4}$$

$$Cd^{2+} + S^{2-} \longrightarrow CdS\downarrow \tag{5}$$

在模拟太阳光辐照下,复合光催化剂的分解水制氢过程的反应方程式表示如下:

$$CdS/Mn_3O_4 + h\nu \longrightarrow CdS(e_{CB^-} + h_{VB^+})/Mn_3O_4(e_{CB^-} + h_{VB^+}) \tag{6}$$

$$CdS(e_{CB^-} + h_{VB^+})/Mn_3O_4(e_{CB^-} + h_{VB^+}) \longrightarrow CdS(e_{CB^-})/Mn_3O_4(h_{VB^+}) \tag{7}$$

$$h^+(Mn_3O_{4,VB}) + S^{2-}, SO_3^{2-} \longrightarrow Oxidation\ state(SO_4^{2-}, S_2O_3^{2-}) \tag{8}$$

$$2H^+ + 2e^-(CdS_{,CB}) \longrightarrow H_2\uparrow \tag{9}$$

四、实验仪器与试剂

仪器：分析天平、电磁搅拌器、微波炉、烘箱、粉末X射线衍射仪、场发射扫描电子显微镜、高分辨透射电子显微镜、紫外-可见漫反射光谱仪、荧光光谱仪、电化学工作站、全自动光催化反应系统等。

试剂：二水合乙酸镉（$C_4H_6CdO_4 \cdot 2H_2O$，AR，纯度＞99%）、四水合乙酸锰（$C_4H_6MnO_4 \cdot 4H_2O$，AR，纯度＞99%）、硫脲（CH_4N_2S，Tu，AR，纯度＞99%）、乙二胺（$C_2H_8N_2$，en，AR，纯度＞99%）、无水硫化钠（Na_2S，AR，纯度＞99%）、九水亚硫酸钠（$Na_2SO_3 \cdot 9H_2O$，AR，纯度＞99%）、无水乙醇（C_3H_6O，AR，纯度＞99%）。

五、实验步骤

1. 光催化剂的制备

采用简捷的一锅法微波辅助液相化学反应制备 p-n 结 CdS/Mn_3O_4 复合光催化剂，晶体生长示意图如图1所示。具体实验流程如下：取一洁净干燥的烧杯，分别称取 0.0267g（0.1mmol）$Cd(CH_3COO)_2 \cdot 2H_2O$ 和 0.0761g（1mmol）Tu 加入到烧杯中，加入 40mL 去离子水，磁力搅拌至完全溶解，标记为 A 溶液，备用；另取一洁净干燥的烧杯，称取 0.1225g（0.5mmol）$Mn(CH_3COO)_2 \cdot 4H_2O$ 加入到烧杯中，加入 40mL 去离子水，在磁力搅拌至完全溶解，标记为 B 溶液；量取 20mL 上述 A 溶液倾入 B 溶液中，继续搅拌 10min，得到混合溶液；再用移液枪取 0.2mL 乙二胺缓慢加入混合溶液中，继续搅拌 30min。然后将混合溶液置于家用微波炉中低火挡微波辐照 30min，加热结束后，趁热抽滤，用去离子水和无水乙醇各洗涤 2～3 次，经 80℃ 干燥箱中干燥 6h，研磨后收集样品，命名为 $0.1CdS/Mn_3O_4$。作为比较，通过相同的微波加热实验，制得纯 CdS 和纯 Mn_3O_4 样品。为比较不同组分比的光解水制氢性能，保持 Mn^{2+} 浓度不变，改变 Cd^{2+} 源摩尔量分别为 0.02mmol、0.1mmol、0.2mmol，依照上述相同实验条件制得的复合材料依次命名为 $0.02CdS/Mn_3O_4$、$0.1CdS/Mn_3O_4$ 和 $0.2CdS/Mn_3O_4$。

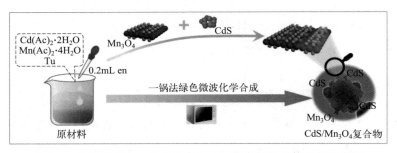

图1 一锅法制备 p-n 结 CdS/Mn_3O_4 复合材料晶体生长示意图

2. 结构表征与光电性能测试

粉末X射线衍射仪（X-ray diffraction，XRD）测定条件：Cu Kα 射线（波长为

1.5406Å）辐射，扫描速度 10°·min^{-1}，范围为 5°～70°。

通过场发射扫描电子显微镜（FESEM）、透射电子显微镜（TEM）、高分辨透射电子显微镜、电子散射 X 射线面扫能谱（EDX）分析样品的微观形貌和晶相。采用 X-射线光电子能谱仪（XPS）分析样品的元素组成和化学态。采用紫外-可见漫反射光谱仪（UV-Vis DRS）表征样品的光吸收性能，以 $BaSO_4$ 为标准物质。采用荧光光谱仪测试样品在室温下的光致发光（photoluminescence，PL）谱图，激发波长为 500nm。

光电流（I-t）和电化学阻抗谱（EIS）性能在 CHI-760 电化学工作站上进行测试，采用普通三电极系统。电解质为 0.1mol·L^{-1} Na_2SO_4 水溶液，采用 Pt 和饱和 Ag/AgCl 电极分别为辅助电极和参比电极。工作电极的制备方法如下：将适量样品均匀平铺在 ITO 导电玻璃（25mm×10mm×1.1mm）上，滴加两滴 Nafion 胶，使样品沉积在导电玻璃上。光源采用加滤光片的 300W 氙灯（λ＞400nm），在开路电压条件下测量在遮光和光照间隔 30s 下光电流。在光照下，采用 0.1Hz～100kHz 频率范围，交流振幅为 5mV 开路电位下测得阻抗图。

3. 光催化分解水制氢实验

模拟太阳光催化分解水制氢气性能测试在全自动光催化反应系统中进行。将 50mg 光催化剂加入 50mL 的 0.35mol·L^{-1} Na_2S 和 0.5mol·L^{-1} Na_2SO_3·$9H_2O$ 水溶液中，用超声波进行超声分散，然后将混合溶液倒入反应器连接到光催化反应系统，以高纯氩气（99.999%）为保护气对反应器进行长达 60min 的空气和杂气排出，通过循环冷凝水控制反应温度在 6℃。采用 300W 氙灯为模拟太阳光光源，通过在线气相色谱仪（GC9790 Ⅱ，配有 FID 检测器和 TCD 检测器）自动检测，每间隔 1h 测定 H_2 产生量。

六、思考题与问题讨论

1. 物相分析：利用 XRD 衍射技术研究复合材料的物相特征，证明通过一锅法微波加热成功合成了 CdS/Mn_3O_4 复合材料。

2. 结构表征：分别针对形态学分析；XPS 分析；光学性质测试；光电性能测试；能带结构分析进行。

3. 光解水制氢性能分析。

实验三　无机晶态功能材料的合成与二阶非线性光学性能

一、实验项目风险评估

1. 化学品危害

H_3BO_3、H_2SiO_3、Rb_2CO_3、RbF、氨水、$LiBF_4$、BaF_2、SiO_2 和 B_2O_3 均属于危化品。

2. 操作风险

在实验过程会接触到酸碱，因此在整个实验过程中需要佩戴好防护用具，穿好实验服。注意使用聚四氟乙烯不锈钢反应釜前先检查密封性，同时注意电器用电安全和马弗炉高温操作安全。

二、实验目的

1. 了解结晶化学的一般知识，了解分别使用水热合成或高温固相合成制备硼硅酸盐体系晶体的方法。

2. 了解关于二阶非线性无机非金属光学晶体材料性能的测试。

三、实验原理

无机晶态功能材料是一类具有特定结构和化学成分的材料，它们在光学、电子、磁学等方面具有重要的应用。其中，二阶非线性光学性能是指材料在外加电场或光场的作用下，产生二次谐波、光学参量放大等效应的能力。

该实验采用两种方法：水热合成法和高温固相法。

将硅酸盐、硼酸盐、无机碱和水按一定比例混合，在220℃下进行结晶，合成晶体，这类方法一般称为水热法。将二氧化硅固体、硼酸盐和无机碱按一定比例混合后，进行研磨和压片，通过在高温条件下将固体反应物直接反应来制备晶体材料，这类方法一般称为高温固相法。

实验室合成晶体一般采用水热合成的方式，将原料按照预先设计好的方案进行称量，若加入水、亚磷酸等液体，需使用移液枪进行液体的添加。封釜后将不锈钢反应釜放入到电热恒温鼓风干燥箱，通过程序设置升温，保证原料的液化和晶体的合成。

二阶非线性光学性能的测试包含紫外-近红外-漫反射光谱、红外光谱、二次谐波、双折射。

紫外-近红外-漫反射光谱：用于测试材料的光学吸收、能带结构、电子结构等信息，从而帮助理解材料的二阶非线性光学性能。

红外光谱：一种常用的光谱技术，用于分析物质中的化学键和功能团。通过检测样品在红外光范围内吸收或散射的光，可以得到关于样品分子结构和化学成分的信息。

二次谐波：一种重要的非线性光学效应，其过程中入射光的频率翻倍，产生频率为原频率的二倍的光信号。这一过程通常发生在非中心对称材料中，如某些晶体材料或者分子团簇中。

双折射：晶体在外加电场或光场的作用下，其折射率变化与光场强度成非线性关系的现象。这种非线性效应导致光线在材料中的传播路径受到影响，即光线的折射率随着光强度的变化而变化，从而产生双折射现象。

四、实验仪器与试剂

仪器：电子天平、马弗炉、不锈钢反应釜（或聚四氟乙烯反应釜）、显微镜、电热恒温鼓风干燥箱，加热搅拌器、石英管、火焰枪、铂金坩埚。

试剂：硅酸固体、二氧化硅固体、硼酸固体、氨水溶液、碳酸铷固体、氟化钡固体、氟硼酸锂固体、去离子水、氟化铷固体和氧化硼固体。

五、实验步骤

1. 无机非金属光学晶体材料（硼硅酸盐体系）的合成

（1）水热合成

称量 H_3BO_3（0.45g）、H_2SiO_3（0.0596g）、Rb_2CO_3（0.0410g）、RbF（0.0488g）后，加入聚四氟乙烯反应釜中，再通过移液枪将氨水（用以调节pH值）加入其中。然后将聚四氟乙烯反应釜中放入不锈钢反应釜中，拧紧釜盖，放入电热恒温鼓风干燥箱，干燥箱程序设置一般为室温升温至220℃，用时120分钟。在220℃下保持3000分钟。再降温至70℃，用时5000分钟。降温过程尽量长一些，保证晶体在聚四氟乙烯反应釜中结晶。

（2）高温固相

首先，将 $LiBF_4$、BaF_2、RbF、SiO_2 和 B_2O_3 按一定比例称量，在称量纸上混匀后倒入直径2cm、高2cm的铂金坩埚。然后，将其放入马弗炉中，在400℃预烧6h后降至室温，取出并充分研磨。接下来，将预烧研磨后的原料倒入一根事先用去离子水洗干净并在高温下干燥过的石英管。紧接着，将石英管抽真空至 10^{-3}Pa，用火焰枪密封熔断。随后，把密封的石英管放入程序控温的电阻炉，炉子被缓慢升温至700℃，保温12h后以 $2℃·h^{-1}$ 降到600℃，再以 $1℃·h^{-1}$ 降至350℃，最后炉子温度以 $12℃·h^{-1}$ 降低到50℃。

2. 无机非金属光学晶体材料的性能测定

（1）晶体观察

首先将去离子水加热至80℃以上，并将去离子水加入聚四氟乙烯反应釜，将一些未反应原料和副产物进行溶解。三分钟后将聚四氟乙烯反应釜中的产物通过药匙转移至培养皿中，再用去离子水不断对转移溶液进行洗涤，保证溶液能够透光看清溶液内部。洗涤干净后，将培养皿放在显微镜下进行观察。判断是否有晶体生成，而该项实验合成的晶体最显著的特征：透明、有明显的形状，不会单一出现。

（2）元素分析

先制样，将晶体挑出两到三颗粘在导电胶上，此过程需要保证晶体表面平整、干净，并且不含有可能影响测试结果的外部污染物。将待测试的晶体样品安装在电子显微镜（如扫描电子显微镜）的样品台上。确保样品被正确安装，并且可以在显微镜中进行观察和定位。根据晶体样品的性质和测试需求，选择适当的加速电压。通常，较高的加速电压能够产生更高能量的 X 射线,从而提高测试的灵敏度和分辨率。启动 EDS 装置,进行能谱的分析,得到晶体中所包含有哪些元素的结论。

(3) 光学性能测试

对制备样品进行光学性能测试。

六、思考题与问题讨论

1. 进行材料性能描述。
2. 进行晶体元素的判断。
3. 进行晶体的光学性能分析。
4. 已发现哪些硼硅酸盐体系的二阶非线性光学晶体材料?如何进行实际应用?

实验四　室内空气中甲醛浓度测定

一、实验项目风险评估

1. 化学品危害

3-甲基-苯并噻唑胺、硫酸铁铵、硫代硫酸钠、甲醛等均属于危化品。

甲醛:通常被认为是一种有害物质,特别是在高浓度下,它可能对人体的呼吸系统和皮肤造成刺激和损伤。

2. 操作风险

预习硫酸铁铵、硫代硫酸钠、碳酸钠、异戊醇、甲醛等溶液配制和使用测定过程安全。

二、实验目的

1. 掌握酚试剂分光光度法测定空气中甲醛浓度的方法。
2. 初步了解影响室内空气的因素。

三、实验原理

甲醛的测定方法有乙酰丙酮分光光度法、变色酸分光光度法、酚试剂分光光度法、离子色谱法等。其中乙酰丙酮分光光度法灵敏度略低,但选择性较好,操作简便,重现性好,误差小;变色酸分光光度法显色稳定,但使用很浓的强酸,操作不便,且共存的酚干扰测定;酚试剂分光光度法灵敏度高,在室温下即可显色,但选择性较差,该法是目前测定甲醛最好的方法;离子色谱法是新方法,建议试用。近年来随着室内污染监测的开展,相继出现了无动力取样分析方法,该法简单、易行,是一种较理想的室内测定方法。

下面重点介绍酚试剂分光光度法。

酚试剂分光光度法实验原理:甲醛与酚试剂反应生成嗪,在高铁离子存在下,嗪与酚试剂的氧化产物反应生成蓝绿色化合物。在波长630nm处,用分光光度法测定,反应方程式如下:

采样体积为5mL时,本法检出限为$0.02\mu g \cdot mL^{-1}$,当采样体积为10mL时,最低检出浓度为$0.01mg/m^3$。

四、实验仪器与试剂

仪器:气泡吸收管(10只,10mL)、空气采样器(1台,流量范围$0\sim 2L \cdot min^{-1}$)、具塞比色管(10只,10mL)、分光光度计(1台)。

试剂:吸收液、硫酸铁铵、硫代硫酸钠、甲醛等。

(1) 吸收液:称取0.10g酚试剂(3-甲基-苯并噻唑胺,$C_6H_4SH(CH_3)C:NNH_2 \cdot HCl$,简称MBTH),溶于水中,稀释至100mL,即为吸收原液,贮存于棕色瓶中,在冰箱可以稳定3天。采样时取5.0mL原液加入95mL水,即为吸收液。

(2) 硫酸铁铵溶液($10g \cdot L^{-1}$):称取1.0g硫酸铁铵,用$0.10mol \cdot L^{-1}$盐酸溶液溶解,并稀释至100mL。

(3) 硫代硫酸钠标准溶液($0.1mol \cdot L^{-1}$):称取26g硫代硫酸钠($Na_2S_2O_3 \cdot 5H_2O$)和0.2g无水碳酸钠溶于1000mL水中,加入10mL异戊醇,充分混合,贮于棕色瓶中。

(4) 甲醛标准溶液:量取10mL浓度为36%~38%的甲醛,用水稀释至500mL,用碘量法标定甲醛溶液浓度。使用时,先用水稀释成每毫升含$10.0\mu g$甲醛的溶液,然后立即吸取1.00mL此稀释溶液于10mL容量瓶中,加5.0mL吸收原液,再用水稀释至标线。此溶液每毫升含$1.0\mu g$甲醛。放置30min后,用此溶液配置标准色列(表1),

此标准溶液可稳定 24h。

标定方法：吸取 5.00mL 甲醛溶液于 250mL 碘量瓶中，加入 40.00mL 0.10mol·L^{-1} 碘溶液，立即逐滴加入浓度为 30% 的氢氧化钠溶液，至颜色褪至淡黄色为止。放置 10min，用 5.0mL 盐酸溶液（1∶5）酸化（空白滴定时需多加 2mL）。置暗处放 10min，加入 100~150mL 水，用 0.1mol·L^{-1} 硫代硫酸钠标准溶液滴定至淡黄色，加 1.0mL 新配制的 5% 淀粉指示剂，继续滴定至蓝色刚刚褪去。

另取 5mL 水，同上法进行空白滴定。

按下式计算甲醛溶液浓度：

$$\rho = \frac{(V_0 - V) \times c_{Na_2S_2O_3} \times 15.0}{5.00} \tag{1}$$

式中，ρ 为被标定的甲醛溶液的浓度，g·L^{-1}；V_0、V 分别为滴定空白溶液、甲醛溶液所消耗的硫代硫酸钠标准溶液体积，mL；$c_{Na_2S_2O_3}$ 为硫代硫酸钠标准溶液浓度，mol·L^{-1}。15.0 为与 1L 1mol·L^{-1} 硫代硫酸钠标准溶液相当的甲醛质量，g。

五、实验步骤

1. 采样

用内装 5.0mL 吸收液的气泡吸收管，以 5.0L·min^{-1} 流量，采气 10L。

2. 测定

（1）标准曲线的绘制：用 8 支 10mL 比色管，按表 1 配制标准色列。然后向各管中加入 1% 硫酸铁铵溶液 0.40mL，摇匀。在室温下显色 20min。在波长 630nm 处，用 1cm 比色皿，以水为参比，测定吸光度。以吸光度对甲醛含量（μg）绘制标准曲线。

（2）样品的测定：采样后，将样品溶液移入比色皿中，用少量吸收液洗涤吸收管，洗涤液并入比色管，使总体积为 5.0mL。室温下（8~35℃）放置 80min 后，其它操作同标准曲线的绘制。

表 1　甲醛标准色列

管号	0	1	2	3	4	5	6	7
甲醛标准溶液/mL	0	0.10	0.20	0.40	0.60	0.80	1.00	1.50
吸收液/mL	5.00	4.90	4.80	4.60	4.40	4.20	4.00	3.50
甲醛含量/μg	0	0.10	0.20	0.40	0.60	0.80	1.00	1.50

六、思考题与问题讨论

如何根据实验结果计算甲醛浓度？

实验五　ZnO/g-C_3N_4 复合物制备及催化降解罗丹明 B 性能

一、实验项目风险评估

1. 化学品危害

无水乙醇（C_2H_5OH）、罗丹明 B 均属于危化品。

三聚氰胺（$C_3H_6N_6$）：受热分解放出剧毒的氰化物气体；消防人员必须佩戴过滤式防毒面具（全面罩）或隔离式呼吸器、穿全身防火防毒服，在上风向灭火。尽可能将容器从火场移至空旷处；隔离泄漏污染区，限制出入。建议应急处理人员戴防尘面具（全面罩），穿防毒服。用洁净的铲子收集干燥、洁净、有盖的容器中，转移至安全场所。

2. 操作风险

注意电磁搅拌器、扫描电镜、孔隙率测定仪、X 射线衍射仪、红外光谱仪、烘箱、马弗炉、真空干燥器、不锈钢反应釜等仪器使用和操作安全。注意使用聚四氟乙烯反应釜使用前检查密封性，同时注意电器用电安全和马弗炉高温操作安全。

二、实验目的

1. 熟练掌握煅烧法制备 ZnO/g-C_3N_4 复合材料的方法。
2. 对复合物进行表征分析并测试其催化降解罗丹明 B 性能。

三、实验原理

ZnO 是广泛应用的光催化剂，其催化效率高、成本低且无毒害。但 ZnO 只能对波长小于 400nm 的紫外光产生响应，对太阳光利用率较低，且其光生电子-空穴容易复合，存在光腐蚀现象，限制了其实际应用。大量研究表明，将 ZnO 与其它半导体复合，可以有效提高其光催化活性。石墨相氮化碳（g-C_3N_4）是近年来备受关注的一种 p 型聚合物半导体材料，其还原活性和稳定性较好，且对可见光响应。本实验采用煅烧法获得 ZnO/g-C_3N_4 复合半导体。将固态三聚氰胺粉体与 ZnO 粉体按不同比例混合得到不同前驱体，通过煅烧法可成功获得不同组成的 ZnO/g-C_3N_4 复合半导体。该制备方法安全可靠且操作简单，具有一定的普适性，有望应用于制备其它复合半导体。

四、实验仪器与试剂

仪器：电磁搅拌器、扫描电镜、孔隙率测定仪、X 射线衍射仪、红外光谱仪、烘箱、马弗炉、真空干燥器、不锈钢反应釜（或聚四氟乙烯反应釜）、电子分析天平等。

试剂：三聚氰胺（$C_3H_6N_6$）、氧化锌（ZnO）、无水乙醇（C_2H_5OH）、罗丹明 B（RhB）等。

五、实验步骤

1. ZnO/g-C_3N_4 复合材料制备

将 ZnO 和 $C_3H_6N_6$ 按不同比例混合超声均匀后静置、过滤制得四份 ZnO/g-C_3N_4 复合半导体前驱体，g-C_3N_4 和 ZnO 的质量比分别为 5％、10％、20％、30％，分别记为 ZnO/g-C_3N_4-5％、ZnO/g-C_3N_4-10％、ZnO/g-C_3N_4-20％、ZnO/g-C_3N_4-30％。将四份不同比例的样品放入电热恒温鼓风干燥箱中干燥，干燥温度设定 100℃，恒温干燥 2h，得到白色粉末。将所得的白色粉末放入坩埚中，将坩埚盖好盖放入马弗炉中煅烧，升温速率设定为 5℃·min^{-1}，煅烧温度为 500℃，保温时间为 1h，待马弗炉冷却至室温得到 ZnO/g-C_3N_4 复合半导体。

2. 光催化降解罗丹明 B

为了研究上述获得的不同负载比例 ZnO/g-C_3N_4 复合半导体的光催化性能，分别用分析天平称取 20mg ZnO/g-C_3N_4 复合半导体放入烧杯中当作光催化剂，放入 40mL 去离子水超声均匀后加入 10mL $1×10^{-4}$ mol·L^{-1} 的 RhB 溶液，取出 5mL 放入离心管，放入离心机以 5000r·min^{-1} 转速进行离心，将剩下的溶液在暗反应下搅拌 30min 取样离心，30min 后将 300W 氙灯打开进行光催化反应，每隔 8min 依次离心取样直至 RhB 颜色全部褪去。最后将离心后的所有样品进行吸光度测试，对光催化效果进行分析。

六、思考题与问题讨论

1. 进行产品物相分析。
2. 进行形貌与组成分析。
3. 进行 N_2 吸附特性及孔径分析。
4. 进行紫外-可见漫反射光谱分析。
5. 进行红外光谱分析。
6. 进行光催化活性及活性物质捕捉分析。

实验六　AgPVP 复合纳米纤维膜制法和应用

一、实验项目风险评估

1. 化学品危害

乙醇、硝酸银均属于危化品。

聚乙烯吡咯烷酮：简称 PVP，是一种非离子型高分子化合物，具有水溶性好、安全无毒的特性，因此被归类为绿色化学品。

大肠杆菌和金黄色葡萄球菌、LB 营养琼脂和肉汤培养基：应遵循标准的生物安全操作规程，包括正确穿戴实验室防护服、使用适当的设备和技术，以及遵守所有相关的安全规定。

2. 操作风险

接触静电纺丝机时应穿实验工作服，佩戴绝缘手套。

操作实验时要求穿戴口罩、防护眼镜等实验安全防护用品，同时注意使用乙醇安全、电器用电安全和高压电源操作安全。

抗菌活性测试方面，正确的操作和处理是非常重要的，以避免交叉污染或不当使用导致的健康风险。

二、实验目的

1. 了解静电纺丝机的基本结构和工作原理。
2. 掌握利用静电纺丝技术制备无机/有机复合纳米纤维的方法。

三、实验原理

静电纺丝技术（又称电纺法）作为一种相对简单和通用的策略被用来合成一系列聚合物的一维纳米结构。静电纺丝技术具有明显的优势：①它是一种比较简单和廉价的方法，不需要太多的设备上的投资；②通过静电纺丝技术很容易调控纤维的直径、纵横比、面容比以及孔径等；③能够通过后处理几种可溶的溶液纤维而得到多功能的复合纳米纤维。因此，静电纺丝技术已经被广泛地应用于合成各种功能性的纳米/微米纤维，而这些纳/微米纤维也有望被广泛地应用于各个领域，例如光电纳米器件、化学和生物传感器等。目前静电纺丝纳米纤维在可控制造新结构方面取得了很大的进展，特别是静电纺丝纤维经过热处理形成 CNFs 可作为电化学/可充电储能的电极材料。尽管仍存在许多挑战，但静电纺丝技术已被证明能够生产纳米纤维，并越来越多地用于能源材料。随着新途径的不断完善，静电纺丝将是获得具有独特多孔结构、大比表面积、定向输运和离子输运长度短等优点的优秀一维纳米材料的有希望的候选方法，可广泛应用于能源器件中。

图 1(a)和图 1(b)分别为静电纺丝装置的示意图和实物图，可以看出，整套装置主要由三个部件构成：①高压静电发生器，主要是能够产生 $100 \sim 3000 \text{kV} \cdot \text{m}^{-1}$ 这样一个高电场；②连有供液系统的喷丝头，供液系统一般是注射泵；③接地收集板，主要用来收集产物（一般为金属板或铝箔等）。一般的实验过程如下所述：首先将事先配制好的溶液放入一个带有金属喷丝头的注射器中，而金属喷丝头的内径一般在 $100 \mu \text{m} \sim 1 \text{mm}$。在实验中，金属喷丝头和接地收集板之间的距离通常为 $10 \sim 25 \text{cm}$。注射泵主要是使配好的溶液能够以一个连续的可控的速度流向喷丝头。而在工作时通过高压静电发生器在

金属喷丝头与接地收集板之间产生一个 100～3000kV·m^{-1} 高电场。这样在外加电场作用下，悬在金属喷头的聚合物液滴能够具有很好的导电性，并且在其表面均匀地产生诱导电荷，形成与液体表面张力相反的电场力。随着电场的增强，当电场力和液滴表面张力相等时，在喷头的液滴便会被拉伸成锥状，形成"Taylor 锥"。继续增加电场，当电场力大于液滴表面张力时，液滴将会形成喷射液流，喷射到收集板上。事实上，在高压电场的作用下，液滴在喷射过程中极其不稳定，经过一系列的不规则的螺旋运动，液滴逐渐被拉长，直径也越来越小，同时随着溶剂的不断挥发，产物最终散落在收集装置上。目前为止，超过一百多种天然的或者合成的聚合物纤维被合成出来，例如聚丙烯腈（PAN）、聚乙烯醇（PVA）、聚乳酸（PLA）、聚甲基丙烯酸酯（PMMA）、聚苯乙烯（PS）、聚环氧乙烷（PEO）、聚乙烯咔唑（PVK）、聚己酸内酯（PCL）等。

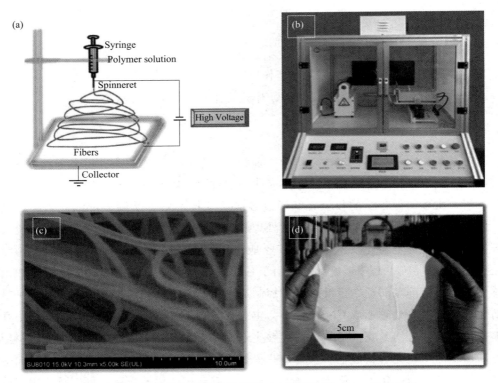

图 1 静电纺丝装置的简单示意图（a）；实物图（b）；电纺丝纤维扫描电镜图（c）和静电纺丝法制备的电池隔膜（d）

四、实验仪器与试剂

仪器：电磁搅拌器、光学显微镜、电热分析烘箱、真空干燥器、静电纺丝机。

试剂：聚乙烯吡咯烷酮、乙醇、硝酸银、大肠杆菌和金黄色葡萄球菌、LB 营养琼脂和肉汤培养基。

五、实验步骤

1. 制备 Ag-PVP 复合纳米纤维膜

（1）制备前驱体溶液

取一个洁净的烧杯，称取 1g 聚乙烯吡咯烷酮（PVP）粉末溶于 10mL 乙醇中。在室温下搅拌 12h 后，在均一分散的溶液中加入 10mg 硝酸银，在室温下搅拌 6h 就得到了前驱体溶液。

（2）静电纺丝

将上述前驱体溶液装入 10mL 注射器静置于静电纺丝机中。正极电压为 12kV，施加在尖端，尖端与收集装置之间的距离为 15cm。以铝箔为载体，得到纳米纤维。

（3）样品干燥

将得到的纤维置于 100℃烘箱中进行稳定化 24h 后得到 Ag-PVP 纳米纤维。

2. Ag-PVP 复合纳米纤维膜性能测定

（1）微观形貌观察

取少量膜均匀放在玻璃载片上，在显微镜下观察其显微形态和结构。

（2）抗菌活性测试

为了测试复合纳米纤维的抗菌活性，考察了纤维膜对伤口感染后常见细菌——大肠杆菌和金黄色葡萄球菌抗菌性能。使用单菌落接种带有大肠杆菌和金黄色葡萄球菌培养物的 20mL 液体 LB 培养基后，在 37℃下振荡 6h。然后用移液枪吸取 100μL 菌悬液置于固体培养基中，均匀平铺在琼脂平板上。接着将灭菌的纳米纤维样品（直径 1cm）置于培养基上，在 37℃下孵育 12h 并记录抑菌圈的大小。

六、思考题与问题讨论

1. 计算抑菌圈的大小。
2. 静电纺丝的基本概念和原理是什么？
3. 一维纳米材料的制备方法有哪些？

实验七 1-甲基-3-丁基咪唑溴盐的合成与性质表征

一、实验项目风险评估

1. 化学品危害

N-甲基咪唑、硝酸银、甲醇、乙醇、乙腈、四氯化碳、乙醚、氯仿、二氯甲烷、乙酸乙酯、氯代正丁烷、乙酸乙酯、1,1,1-三氯乙烷均属于危化品。

氯代正丁烷：在受高热分解时能产生有毒的腐蚀性烟气，与氧化剂能发生强烈反应。其蒸气比空气重，能在较低处扩散到相当远的地方，遇到火源会着火回燃。

氯仿：也称为三氯甲烷，属于第二类易制毒化学品。它具有特定的理化性质，如外观性状、沸点、溶解性等，这些性质使其在某些应用场景中具有潜在的危险性。

四氯化碳：由于其化学性质稳定且对中枢神经系统具有麻醉作用，同时对肝、肾有严重损害作用，四氯化碳被列入 2B 类致癌物清单。

2. 操作风险

有机合成操作在通风橱中进行。接触有机试剂时应佩戴防护用具，穿实验工作服。注意不要直接接触有机试剂，严格禁止使用明火，同时注意电器用电安全和紫外及红外仪器操作安全。

二、实验目的

1. 了解离子液体的含义及其在有机合成中的应用。
2. 熟悉 1-甲基-3-丁基咪唑溴盐的制备方法。
3. 熟悉离子液体的性质及其表征手段。

三、实验原理

在传统的有机反应中，易挥发的有机溶剂（the volatile organic compounds，VOCs）能很好地溶解有机化合物，常被用做反应介质，但由于其挥发性、毒性、易燃性和难以回收又会对环境有害。因此，传统有机溶剂的替代研究是绿色化学领域的一个极其重要的部分，无溶剂有机反应（solvent free organic reaction）、干反应（dry media）、用水作介质的反应、超临界流体介质中的反应将成为洁净合成的重要途径。除此之外，离子液体（ionic liquid）被广泛应用来替代传统的有机溶剂，并已在有机合成、化学分离、电化学等领域显示出令人满意的效果。本实验内容设计为两部分：离子液体的合成；离子液体性质的表征。

四、实验仪器与试剂

1. 仪器：50mL 圆底烧瓶、磁力搅拌器、恒压滴液漏斗、球形回流冷凝管、旋转蒸发仪、恒温槽、循环水多用真空泵、电热真空干燥箱、超声波清洗器、UV-2010 型紫外-可见分光光度计、红外光谱仪。

2. 试剂：N-甲基咪唑（分析纯，需干燥）、硝酸银（分析纯）、甲醇（分析纯）、乙醇（分析纯）、乙腈（分析纯）、四氯化碳（分析纯）、乙醚（分析纯）、氯仿（分析纯）、二氯甲烷（分析纯）、乙酸乙酯（分析纯）、氯代正丁烷（分析纯）、乙酸乙酯（分析纯）、1,1,1-三氯乙烷（分析纯）。

五、实验步骤

1. 离子液体的制备

（1）硝酸银溶液的配制

在避光条件下，称量 1.0192g $AgNO_3$，用去离子水溶解，然后稀释至 100mL，得浓度为 $6.00×10^{-3}$ mol·L^{-1} 的溶液，于棕色瓶中保存，备用。

（2）1-甲基-3-丁基咪唑溴盐（[Bmim]Br）的制备

在 50mL 圆底烧瓶中加入 6.0g 1-甲基咪唑，加入 20mL 1,1,1-三氯乙烷做溶剂，在磁力搅拌下，用恒压滴液漏斗缓慢滴加正溴丁烷 10.2g，约 40min 滴完，溶液变浑浊，将滴液漏斗撤下，换上球形回流冷凝管，加热回流 2h，反应完毕。用旋转蒸发仪将 1,1,1-三氯乙烷蒸出，得到 1-甲基-3-丁基咪唑的溴盐，为淡黄色黏稠状液体。称量，计算产率。

2. 离子液体的性质表征

（1）[Bmim]Br 的纯度分析

由于在 N-烷基咪唑与原料氯代正丁烷反应生成离子液体中间[Bmim]Br 的体系中，只有目标产物离子液体中间体[Bmim]Br 含有游离的 Br^-，所以可以用硝酸银溶液滴定检测产物中的 Br^- 浓度，进而得到产物的纯度。

（2）[Bmim]Br 的结构表征

采用紫外-可见分光光度计、红外光谱仪来表征所合成的化合物的结构。所有样品在进行测定前都经过干燥处理。紫外谱图测试中，采用甲醇为溶剂，将样品溶解后，在 1cm 石英比色皿中进行测试，扫描波长范围 200~700nm。红外谱图测试中，采用 KBr 压片法制备试样，测定波数范围 4000~400cm^{-1}，用于确定化合物的官能团。采用红外光谱对离子液体中的咪唑环、烷基、阴离子等官能团进行表征。

六、思考题与问题讨论

1. 何为离子液体？在有机合成中有哪些应用？
2. 与常见的有机溶剂相比，离子液体有什么优势？
3. 阴离子交换反应后如何判断产物纯度？怎样才能使反应更加完全？

实验八　金属-有机骨架材料的合成与荧光性质研究

一、实验项目风险评估

1. 化学品危害

无水乙醇、氢氧化钠固体、硝基苯、$Zn(Ac)_2$·$2H_2O$ 均属于危化品。对苯二甲酸、

$Zn(Ac)_2 \cdot 2H_2O$ 均属于低毒类化学品。

硝基苯：具有易燃性，与空气能形成爆炸性混合物，其密度大于水，进入水体会沉入水底，长时间保持不变，对水体造成持续污染。硝基苯还是一种有毒品，对生物体具有毒性、刺激性、致癌性、致畸性、致突变性等多种危险特性。它可以通过呼吸道、皮肤和消化道进入人体，少量进入即可引起中毒，甚至严重健康损害。

2. 操作风险

对硝基苯的荧光敏感性质研究操作注意在通风橱中进行并佩戴口罩，同时注意使用乙醇、氢氧化钠安全、注意电器用电安全。

二、实验目的

1. 了解金属-有机骨架材料的一般知识和合成方法。
2. 制备金属-有机骨架材料并测试其荧光性能。

三、实验原理

金属-有机骨架材料（MOFs）是由金属离子和有机配体通过配位键组装而成的一维、二维或三维结构的材料。与传统的无机多孔材料相比，MOFs 材料由于其金属离子和有机配体的选择范围更广，可以设计合成具有多种结构形式和特性的材料。MOFs 材料在气体储存、分离、催化、荧光传感和磁性等方面有着潜在的应用前景。MOFs 的合成方法主要有溶剂-诱导沉淀法、微乳法、水热（溶剂热）法、超声合成法和搅拌合成法等。为简化实验过程，本实验采取搅拌合成的方法。将 $Zn(Ac)_2 \cdot 2H_2O$、对苯二甲酸、氢氧化钠和水按一定比例混合搅拌后即可。

四、实验仪器与试剂

仪器：电磁搅拌器、烘箱、离心机、分析天平。

试剂：无水乙醇、氢氧化钠固体、$Zn(Ac)_2 \cdot 2H_2O$、对苯二甲酸、硝基苯。

五、实验流程、步骤

1. MOFs 的合成

将 0.329g $Zn(Ac)_2 \cdot 2H_2O$ 溶于 25mL 的水中，另将 8mL 1mol·L^{-1} NaOH 溶液滴加到 0.664g 对苯二甲酸中。再充分混合两种溶液后，搅拌 3h，得到白色粉末状固体。将产物过滤后，水洗（5×5mL），醇洗（5×5mL），自然干燥。

2. 对硝基苯的荧光敏感性质研究

将不同体积的硝基苯注入含有所合成样品及 2mL 乙醇溶剂的比色皿中，记录荧光强度变化情况。

六、思考题与问题讨论

1. 进行样品描述。
2. 对硝基苯的荧光敏感性质进行研究。
3. MOFs 的类型有哪些？各有哪些应用？

实验九　超薄 BiOBr 材料的合成与光学性能

一、实验项目风险评估

1. 化学品危害

十六烷基三甲基溴化铵（CTAB）、无水乙醇、$Bi(NO_3)_3 \cdot 5H_2O$ 固体均属于危化品。

十六烷基三甲基溴化铵（CTAB）：是一种季铵盐，具有吸湿性，在酸性溶液中稳定；十六烷基三甲基溴化铵具有燃烧性，属于易燃物质；特殊的危害包括其粉尘可与空气形成爆炸性混合物，需要使用特定的灭火剂如水喷雾、干粉、二氧化碳或合适的泡沫进行灭火。

五水合硝酸铋：被归类为氧化剂，属于危险化学品；其毒性分级为中毒，这表明它具有一定的毒性和危险性。

2. 操作风险

注意光催化性能测试过程的电器用电安全。

二、实验目的

1. 了解超薄 BiOBr 材料的一般知识和合成原理。
2. 制备超薄 BiOBr 材料并测试其紫外-可见漫反射光谱。

三、实验原理

BiOBr 基光催化剂由于其独特的各向异性结构、良好的光学性能和特定的电特性，表现出良好的光催化性能。超薄结构的 BiOBr 纳米片中巨大的比表面积可以增大受光面积，并提供更多的表面活性位点，产生的光生电荷载流子能够更快地从体相迁移到表面，有利于电子-空穴对的整体分离。

在 BiOBr 纳米片的合成过程中，CTAB 既是 BiOBr 层状结构生长的模板，也是 Br 源。当 Bi^{3+} 和 CTAB 分散在水溶液中时，Bi^{3+} 阳离子倾向于在溴阴离子的初始位置与 CTAB 结合，借助水热反应中的能量（高温和高压），$CTABBi^{3+}$ 基团将与 OH 结合形成前驱体，然后成核并生长成与模板具有相同层状结构的 BiOBr 晶体，最终得到超薄结构的 BiOBr 纳米片。

四、实验仪器与试剂

仪器：烧杯、电磁搅拌器、马弗炉、真空干燥器、聚四氟乙烯反应釜、抽滤装置、分析天平、离心机、研钵、硅片、扫描电子显微镜（SEM）、紫外-可见漫反射光谱仪（UV-Vis DRS）。

试剂：十六烷基三甲基溴化铵（CTAB）、无水乙醇、$Bi(NO_3)_3 \cdot 5H_2O$ 固体、去离子水。

五、实验步骤

1. 超薄 BiOBr 材料的合成

称取 0.5466g 十六烷基三甲基溴化铵（CTAB）加入 100mL 烧杯中，然后加入 45mL 去离子水，搅拌直至完全溶解；接着称取 0.7276g $Bi(NO_3)_3 \cdot 5H_2O$ 加入到上述溶液中充分搅拌使其水解完全；转移到 50mL 反应釜中，在 170℃ 加热 17h 后，待自然冷却后，抽滤、洗涤、干燥、研磨得到 BiOBr 样品。

2. 超薄 BiOBr 材料形貌和光学性能测定

（1）形貌测定

取少量上述 BiOBr 样品，利用乙醇进行超声分散，后滴加到硅片上进行 SEM 测试。

（2）光学性能测定

取少量上述 BiOBr 样品，进行 UV-Vis DRS 测试。

六、思考题与问题讨论

1. 进行产品物化性质描述。
2. 结合 SEM 图片，进行超薄结构分析。
3. 结合 UV-Vis DRS 谱图，对材料吸光性能进行分析。
4. BiOBr 还有哪些形貌？各用什么合成方法合成？不同形貌优势所在？

实验十　氢燃料电池电极材料 LSCM 制备及性能

一、实验项目风险评估

1. 化学品风险

Co_2O_3、La_2O_3、硝酸、硝酸锶、硝酸镧以及硝酸锰均是危化品。其中硝酸、硝酸锶、硝酸镧以及硝酸锰均是易制爆管制危化品，使用要按照公安管制试剂规范进行。

镧化合物（如 La_2O_3）危害性：镧化合物可能对呼吸道、皮肤和眼睛有刺激性。预防措施：佩戴手套、护目镜和防尘口罩，避免吸入粉尘和接触皮肤。

锶化合物（如 $SrCO_3$）危害性：锶化合物可能对呼吸道、皮肤和眼睛有刺激性并可能具有毒性。

钴化合物［如 $Co(NO_3)_2$］危害性：钴化合物具有毒性和致癌性，对皮肤和呼吸道有刺激性。

2. 实验操作风险

材料混合和研磨风险：混合和研磨过程中可能产生粉尘，吸入粉尘可能对健康有害。在通风橱内操作，佩戴防尘口罩，使用手套和护目镜。

高温煅烧风险：高温煅烧过程中可能产生有害气体和高温烧伤风险，使用高温手套和防护服，操作时小心谨慎，确保通风良好。

二、实验目的

1. 了解氢燃料电池电极材料 LSCM 的制备过程。
2. 探究 B 位掺杂 Co 元素置换原位置 Cr 元素以进一步改善其电化学性能。

三、实验原理

Cr^{3+} 和 Co^{3+} 具有相同的价态和相似的离子半径，与 Cr^{3+} 相比，Co^{3+} 中存在高度极化的 $4s^2$ 孤对电子可能有助于提高氧离子扩散率。这项工作表明，尽管钴氧化物在高温和氢气环境下很容易转化为金属钴，但在 SOFC 阳极条件下，掺钴的 LSCM 化学稳定性是稳定的。值得注意的是，双掺杂电极的性能明显优于未掺杂的母相，远优于掺杂任何先前报道的元素的 LSCM，优于 LSCM-YSZ 纳米复合阳极和 LSCM-GDC 复合阳极，甚至优于用钯金属纳米粒子增强的 La、$SrCrO_3$ 基电极。

四、实验仪器与试剂

仪器：STA409PC 型热重、差热同步热分析仪（TG-DSC）、JSM-4800 型扫描电子显微镜（SEM）、H-8100 型透射电子显微镜、ARL 型 X 射线衍射仪（XRD，CuKα，$\lambda=1.5406Å$）、SI-1260 交流阻抗分析仪。

试剂：Co_2O_3 固体、La_2O_3 固体、硝酸溶液、硝酸锶、硝酸镧以及硝酸锰固体。

五、实验步骤

1. $La_{0.75}Sr_{0.25}Co_xMn_{1-x}O_{3-\delta}$（LSCM）制备

按化学计量比称取一定量 Co_2O_3 溶于硝酸中得到硝酸钴溶液，再按计量比称取一定量的硝酸锶、硝酸镧以及硝酸锰加入配好的硝酸钴溶液中,再用磁力搅拌器加热并搅拌配好的溶液;再称取一定量柠檬酸于烧杯中,摩尔比(总金属离子:EDTA:CA)为1:1:2,最后调pH=7,放磁力搅拌水浴锅中75℃加热,直至形成胶体。再把形成的胶体用干燥箱干燥,最后在马弗炉中1000℃高温烧结制得最终样品。分别用扫描电子显微镜(SEM)和X射线衍射(XRD)表征$La_{0.75}Sr_{0.25}Co_xMn_{1-x}O_{3-\delta}$(LSCM)电极粉体形貌与结构。具体如图1所示。

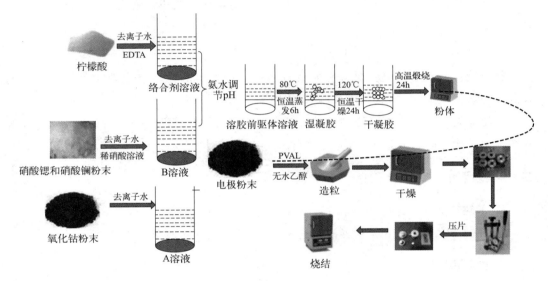

图1 实验流程图

2. LSCM表征与模型构建

采用STA409PC型热重、差热同步热分析仪(TG-DSC)分析干凝胶在空气气氛中的分解过程;用ARL型X射线衍射仪(XRD,CuKα,$\lambda=1.5406$Å)对样品进行物相分析;用H-8100型透射电子显微镜(TEM)观测粉体的微观形貌;用JSM-4800型扫描电子显微镜(SEM)观察烧结样品显微结构;用SI-1260交流阻抗分析仪测量电解质在温度400~800℃区间内的电导率,频率范围50~1×10^6Hz,测试气氛为空气。

模拟计算:$La_{0.75}Sr_{0.25}Co_{0.5}Mn_{0.5}O_{3-\delta}$模型构建。

六、思考题与问题讨论

1. 进行产品物化性质描述。

2. 氧化钴在阳极氛围和SOFC操作高温下的化学稳定性不高,为什么掺钴的LSCM是稳定的?

3. 电极在400~800℃的阻抗与离子传输关系如何?

实验十一　硫化亚锡光吸收薄膜制备与生长设计实验

一、实验项目风险评估

1. 化学品危害

二水合氯化亚锡、乙醇、三乙醇胺、硫代乙酰胺、氨水均属于危化品。

硫代乙酰胺：使用时应穿戴合适的防护服、手套，并使用防护眼镜或面罩，以减少对眼睛、皮肤和呼吸道的刺激。因其潜在的致癌性和对人体的刺激性，需要在使用和处理时采取适当的安全措施。

2. 操作风险

穿实验工作服、佩戴手套，操作人员工作时要求穿戴口罩、防护眼镜等实验安全防护用品（实验应准备中性和疏水软膏）。注意二水合氯化亚锡、乙醇、三乙醇胺、硫代乙酰胺、氨水使用操作安全、注意电器用电安全。

二、实验目的

1. 探索一种简单高效的湿法合成工艺，可靠地制备出硫化亚锡薄膜，且能通过肉眼观察即可初步判定薄膜的质量。

2. 培养学生的分析能力和对薄膜材料的认知，从而提高学生的科学素养。

三、实验原理

化学水浴沉积法是一种利用化学反应在衬底表面生长薄膜材料的技术，通常反应体系中包含一种或多种金属盐（M^{n+}），硫属化物的阴离子源（S^{2-}），还添加有额外的配位剂使反应更加平稳持续地进行，溶剂通常为水。

金属盐产物一般通过以下四个步骤生成：

1. 配位剂在溶液中的电离平衡；
2. 金属螯合物的电离平衡；
3. 硫属阴离子的缓慢释放；
4. 当溶液中金属阳离子与硫属阴离子的离子积大于溶度积时，生成晶核。

如果阴阳离子在溶液内部直接缔合形成晶核时，称之为均相成核，随着晶核的长大，最终将产生沉淀。当阴阳离子通过吸附作用而锚定在固液界面上时称之为异相成核，随着反应的进行，固体表面的晶核逐渐长大并最终连接成一体。化学水浴沉积法生长薄膜材料的机理正是基于阴阳离子间的异相成核与生长作用。因此，为了获得高质量的薄膜，需要严格控制溶液浓度、温度、pH值等参数。

四、实验仪器与试剂

仪器：磁力搅拌水浴锅、烧杯、鼓风干燥箱、普通玻璃、ITO 导电玻璃、镀 Mo 玻璃、X 射线衍射仪（XRD）、扫描电子显微镜（SEM）。

试剂：二水合氯化亚锡、乙醇、三乙醇胺、硫代乙酰胺、氨水。

五、实验步骤

1. 样品制备

首先，分别将三种玻璃衬底切割成长条形，依次用清洁剂、去离子水、乙醇超声清洗 30min，将清洗干净的衬底转移至干净的玻璃瓶中并与瓶壁成 70°，留作备用。同时将水浴锅升温至 45℃并开启磁力搅拌使温度场均匀；然后，在干净烧杯中加入 5mL 乙醇溶解 1g 氯化亚锡，并加入 3mL 28％氨水和 12mL 50％的三乙醇胺，接着加入去离子水使溶液总体积达到 100mL；最后，将溶液加入到玻璃瓶中并转移至水浴锅，4h 后取出玻璃衬底并用去离子水快速冲洗薄膜表面，氮气吹干，再放入 120℃烘箱中干燥十分钟即可。

2. 样品表征

对制备的薄膜进行 XRD 物相表征，以确定其组成。

对样品进行进一步的 SEM 形貌观察。表面 SEM 图表明，生长在不同衬底材料表面的 SnS 薄膜都是由大量且相似的纳米片相互交错而成，薄膜表面附着有明显的大团簇。截面 SEM 图则提供了更重要的信息，在相同的生长温度和时间下，生长在普通玻璃表面的 SnS 薄膜厚度仅为 200nm，而生长在 Mo 玻璃表面的 SnS 薄膜厚度高达 600nm。这表明 Mo 玻璃衬底更有利于 SnS 的异相成核和生长过程。此外，SnS 薄膜厚度的差异也直接导致了薄膜样品透明度的变化，因为根据朗伯-比尔定律，较厚的薄膜更容易吸收可见光。

六、思考题与问题讨论

衬底材料的表面性质对化学反应有哪些影响？

实验十二　三元 MgO@ZnO@BC 生物质碳复合吸附材料及性能

一、实验项目风险评估

1. 化学品危害

盐酸、氢氧化钠、醋酸锌、无水乙醇均属于危化品。

二氧化锰：一种强氧化剂，助燃，不能与可燃物混合运输，该物质对肺或神经系统有影响，导致支气管炎、肺炎和神经障碍。

2. 操作风险

在样品的煅烧、研磨、搅拌、干燥等操作中注意安全。

使用高温炉时，切勿超过高温炉的最高温度。使用时炉门要轻开轻关，以防损坏机件。使用其他药品时也要注意安全。注意电器用电安全。

二、实验目的

1. 了解水热合成法合成 MgO@ZnO@BC 三元复合吸附剂的方法。
2. 学会三元 MgO@ZnO@BC 生物质碳复合吸附性能测试。

三、实验原理

通过表面改性增强生物质炭对有机染料和重金属离子的吸附性能，对提高活性炭使用效率，使其具备更好的实际应用价值具有重要意义。本实验主要是通过化学方法和热处理，利用不同材料的特性和相互作用，最终制备出具有特定性能的三元复合材料 MgO@ZnO@BC。

首先，通过特殊的化学方法处理生物质碳，使用 HCl 浸渍，作为成孔剂，以帮助 HCl 完全进入咖啡渣的缝隙。接着，将处理后的咖啡渣进行一系列处理，包括干燥、浸泡盐酸、煅烧、研磨等，最终得到氧化镁和氧化锌产品。然后，将这些产品用水溶液混合，通过水热合成和微波加热得到 MgO@ZnO 的前驱体，最终在热处理后形成 MgO@ZnO 的复合材料。

在改进后的工作中，将 MgO@ZnO 复合材料与生物质碳（BC）进一步处理。BC 与盐酸和氢氧化钠溶液混合，进行水热反应处理后得到 MgO@ZnO@BC 复合材料。

四、实验仪器与试剂

仪器：电热鼓风干燥箱、傅里叶变换红外光谱仪、X 射线粉末衍射仪、扫描电子显微镜、马弗炉、紫外-可见分光光度计、反应釜、X 射线光电子能谱仪、热重分析仪、比表面积和孔径分析仪、原子吸收光谱仪。

试剂：盐酸、氢氧化钠、二氧化钛、醋酸锌、无水乙醇、醋酸铵、二氧化锰。

五、实验步骤

1. 三元 MgO@ZnO@BC 生物质碳复合吸附材料的合成

（1）样品的干燥和浸泡

将一定量的咖啡渣用去离子水洗净，在 105℃ 的烘箱中干燥 8h，然后将样品在 100mL 6mol·L^{-1} 盐酸中浸泡 12h。

（2）样品的煅烧、研磨和搅拌

将样品放入坩埚，在马弗炉中 260℃ 煅烧 2h，自然冷却至室温，然后将样品研磨后放入 100mL（6mol·L^{-1}）氢氧化钠溶液中，搅拌 3h。

(3) 镁矿石的煅烧

将一定量的镁矿石放入马弗炉中在 650℃ 下煅烧 30min，冷却至室温，磨成粉末，过 200 目筛子，得到氧化镁产品。

(4) 水热合成法合成氧化锌粉末和得到 MgO@ZnO 的复合材料

将制备的氧化镁和氧化锌粉末按摩尔比配制成总体积为 100mL 的水溶液，搅拌 10min。然后将混合后的溶液放入微波合成器中，加热到 80℃，持续 30min。反应结束后，在室温下老化 2h，提取并过滤，清洗。将其放入 150℃ 的干燥箱中 3h，得到 MgO@ZnO 的前驱体。放入马弗炉中，在 650℃ 下煅烧 1h，最终得到 MgO@ZnO 的复合材料。

(5) MgO@ZnO@BC 复合材料的生成

将混合物浸泡在摩尔比的盐酸中并完全溶解，然后在氢氧化钠溶液中搅拌 3h，将混合物放在反应釜中 120℃ 的烘箱中进行 24h 的水热反应。冷却到室温后，将混合物过滤并洗涤至中性。在 105℃ 下干燥 6h 后，得到了 MgO@ZnO@BC 复合材料。

2. 三元 MgO@ZnO@BC 生物质碳复合吸附材料表征及性能测定

(1) 形貌表征

用 SEM 对三元复合材料吸附剂进行表面形貌的测定。

(2) 傅里叶变换红外光谱

用红外光谱仪对吸附剂的表面官能团进行测定，扫描范围在 400~4000cm^{-1}。

(3) XRD 测试

用 X 射线粉末衍射仪测试了吸附剂的表面晶格参数。

(4) 热重分析

用热重分析仪测试了吸附剂温度-质量变化关系。

(5) BET 测试

对吸附剂的 N_2 吸附脱附等温线和孔径分布进行测试。测试前吸附剂在 350℃ 下真空脱气 4h。由 BET 方程计算样品的比表面积和孔径分布。

(6) XPS 测试

利用 X 射线光电子能谱仪分析吸附剂的元素组成和含量、化学状态、分子结构、化学键方面的信息。

六、思考题与问题讨论

1. 进行产品物化性质描述和结构表征。
2. 根据实验结果，描述以下各因素对吸附的影响：①吸附时间；②吸附剂添加量；③温度。

附 录

附录1 元素周期表

附录 2 一些酸、碱在水溶液中的电离常数（25℃）

名　　称	分子式	K_1	K_2	K_3
铝酸	H_3AlO_3	6.3×10^{-12}		
亚砷酸	H_3AsO_3	6.6×10^{-10}		
砷酸	H_3AsO_4	6.3×10^{-8}	1.0×10^{-7}	3.2×10^{-12}
硼酸	H_3BO_3	5.8×10^{-10}	1.8×10^{-18}	1.6×10^{-14}
四硼酸	$H_2B_4O_7$	1×10^{-4}	1×10^{-9}	
氢溴酸	HBr	1×10^{9}		
次溴酸	$HBrO$	2.5×10^{-9}		
氢氰酸	HCN	6.2×10^{-10}		
氰酸	$HCNO$	3.5×10^{-4}		
CO_2+H_2O		4.4×10^{-7}	4.7×10^{-11}	
氢氯酸	HCl	1.3×10^{6}		
次氯酸	$HClO$	2.9×10^{-3}		
氢氟酸	HF	6.6×10^{-4}		
次碘酸	HIO	2.3×10^{-11}		
锰酸（35℃）	H_2MnO_4	7.1×10^{-11}		
高锰酸	$HMnO_4$	1.8×10^{2}		
钼酸	H_2MoO_4	约 3×10^{-4}	8.3×10^{-5}	
铵离子	NH_4^+	5.8×10^{-10}		
亚硝酸	HNO_2	7.2×10^{-4}		
硝酸	HNO_3	2.4×10^{1}		
水	H_2O	1.8×10^{-16}		
过氧化氢	H_2O_2	2.2×10^{-12}		
亚磷酸	H_3PO_3	6.3×10^{-2}	2.0×10^{-7}	
磷酸	H_3PO_4	7.1×10^{-3}	6.3×10^{-8}	4.2×10^{-13}
氢硫酸	H_2S	1.1×10^{-7}	1.3×10^{-13}	
硫氰酸	$HSCN$	7.1×10^{1}		
亚硫酸	$H_2SO_3(SO_2+H_2O)$	1.3×10^{-2}	6.2×10^{-8}	
硫酸	H_2SO_4	约 1×10^{3}	1.0×10^{-2}	
硅酸	H_2SiO_3	1.7×10^{-10}	1.6×10^{-12}	
钒酸	H_3VO_4	1.7×10^{-4}	1.6×10^{-6}	1×10^{-14}

附录3　一些物理化学常数

常数名称	符号	数值	单位(SI)
真空光速	c	2.997924258	$10^8 \text{m} \cdot \text{s}^{-1}$
基本电荷	e^-	1.6021892	10^{-19}C
阿伏伽德罗常数	L	6.022045	10^{23}mol^{-1}
原子质量单位	u	1.6605655	10^{-27}kg
电子静质量	m_e	9.109534	10^{-31}kg
质子静质量	m_p	1.6726485	10^{-27}kg
法拉第常数	F	9.648456	$10^4 \text{C} \cdot \text{mol}^{-1}$
普朗克常数	h	6.626176	$10^{-34} \text{J} \cdot \text{s}$
电子质荷比	e/m_e	1.7588047	$10^{11} \text{C} \cdot \text{kg}^{-1}$
里德堡常数	R_∞	1.09737317	10^7m^{-1}
玻尔磁子	μ_B	9.274078	$10^{-24} \text{J} \cdot \text{T}^{-1}$
气体常数	R	8.31441	$\text{J} \cdot \text{K}^{-1} \cdot \text{mol}^{-1}$
真空电容率	ε_0	8.854188	$10^{-12} \text{C}^2 \cdot \text{N}^{-1} \cdot \text{m}^{-2}$
玻尔兹曼常数	κ	1.380662	$10^{-23} \text{J} \cdot \text{K}^{-1}$
万有引力常数	G	6.6720	$10^{-11} \text{N} \cdot \text{m}^2 \cdot \text{kg}^{-2}$
重力加速度	g	9.80665	$\text{m} \cdot \text{g}^{-2}$

附录4　不同温度下水的饱和蒸气压

$t/℃$	p/kPa	$t/℃$	p/kPa	$t/℃$	p/kPa	$t/℃$	p/kPa
0	0.6105	13	1.497	26	3.361	39	6.991
1	0.6567	14	1.599	27	3.565	40	7.375
2	0.7058	15	1.705	28	3.780	45	9.583
3	0.7579	16	1.817	29	4.005	50	12.33
4	0.8134	17	1.937	30	4.242	55	15.73
5	0.8723	18	2.064	31	4.493	60	19.92
6	0.9350	19	2.197	32	4.754	65	25.00
7	1.002	20	2.338	33	5.030	70	31.16
8	1.073	21	2.486	34	5.320	75	38.54
9	1.148	22	2.644	35	5.624	80	47.34
10	1.228	23	2.809	36	5.941	85	57.81
11	1.312	24	2.984	37	6.275	90	70.096
12	1.403	25	3.168	38	6.625	95	84.513

注：引自 Robe rt C. Weast. Handbook of Chemistry and Physics. 69th ed. 1989. D189～190。

附录 5　水的黏度

$t/℃$	$\eta/(10^{-3}\text{Pa}\cdot\text{s})$	$t/℃$	$\eta/(10^{-3}\text{Pa}\cdot\text{s})$	$t/℃$	$\eta/(10^{-3}\text{Pa}\cdot\text{s})$	$t/℃$	$\eta/(10^{-3}\text{Pa}\cdot\text{s})$
0	1.792	10	1.308	20	1.0050	30	0.8007
1	1.731	11	1.271	21	0.9810	35	0.7225
2	1.673	12	1.236	22	0.9579	40	0.6560
3	1.619	13	1.203	23	0.9358	45	0.5988
4	1.567	14	1.171	24	0.9142	50	0.5494
5	1.519	15	1.140	25	0.8937	60	0.4688
6	1.473	16	1.111	26	0.8737	70	0.4061
7	1.428	17	1.083	27	0.8545	80	0.3562
8	1.386	18	1.060	28	0.8360	90	0.3165
9	1.346	19	1.030	29	0.8180	100	0.2838

注：引自 John A. Dean. lange's Handbook of Chemistry. 11th ed. 1973. 10.288。

附录 6　水表面张力

$t/℃$	$\gamma/(10^{-3}\text{N}\cdot\text{m}^{-1})$	$t/℃$	$\gamma/(10^{-3}\text{N}\cdot\text{m}^{-1})$	$t/℃$	$\gamma/(10^{-3}\text{N}\cdot\text{m}^{-1})$	$t/℃$	$\gamma/(10^{-3}\text{N}\cdot\text{m}^{-1})$
0	75.64	17	73.19	26	71.82	60	66.18
5	74.92	18	73.05	27	71.66	70	66.42
10	74.22	19	72.90	28	71.50	80	62.61
11	74.07	20	72.75	29	71.35	90	60.75
12	73.93	21	72.59	30	71.18	100	58.85
13	73.78	22	72.44	35	70.38	110	56.89
14	73.64	23	72.28	40	69.56	120	54.89
15	73.59	24	72.13	45	68.74	130	52.84
16	73.34	25	71.97	50	67.91		

注：引自 John A. Dean. Lange's Handbook of Chemistry. 11th ed. 1973. 10.265。

附录7 部分有机物的密度

$$\rho = A + Bt + Ct^2 + Dt^3$$

式中，ρ 为密度，$g \cdot cm^{-3}$；t 为温度，℃。

各种液体 A、B、C、D 常数如下所列。

物质	化学式	A	$B \times 10^3$	$C \times 10^6$	$D \times 10^9$	温度/℃
正庚烷	C_7H_{16}	0.70048	−0.8476	0.1880	−5.23	0～100
环己烷	C_6H_{12}	0.79707	−0.8879	−0.972	1.55	0～65
苯	C_6H_6	0.90005	−1.0636	−0.0376	−2.213	11～72
甲苯	C_7H_8	0.88412	−0.92243	0.0150	−4.213	0～99
乙醇	C_2H_5OH	0.80625	−0.8461	0.160	8.5	0～405
正丙醇	C_3H_7OH	0.8301	−0.8133	1.08	−16.5	0～100
正丁醇	C_4H_9OH	0.82390	−0.699	−0.32	—	0～47
甘油	$C_3H_8O_3$	1.2727	−0.5506	−1.016	1.270	0～230
丙酮	C_4H_6O	0.81248	−1.100	−0.858	—	0～50
乙醚	$C_4H_{10}O$	0.73629	−1.1138	−1.237	—	0～70
乙酸	CH_3COOH	1.0724	−1.1229	−0.0058	−2.0	9～100
乙酸甲酯	$C_3H_6O_2$	0.95932	−1.2710	−0.405	−6.09	0～100
乙酸乙酯	$C_4H_{10}O_2$	0.92454	−1.168	−1.95	20	0～40
苯胺	C_6H_7N	1.03893	−0.86534	0.0929	−1.90	0～99
三氯甲烷	$CHCl_3$	1.52643	−1.8563	−0.5309	−8.81	−53～55
四氯化碳	CCl_4	1.63255	−1.9110	−0.690	—	0～40

引自 International Critical Tables of Numerical Date, Physics, Chemistry and Technology. Ⅲ.28, Ⅵ, 27。

附录8 无限稀释离子摩尔电导率和温度系数（25℃）

$$\alpha = \frac{1}{\lambda_m^\infty} \times \frac{d\lambda_m^\infty}{dT}$$

阳离子	$\lambda_m^\infty /(10^4$ $S \cdot m^2 \cdot mol^{-1})$	α/K^{-1}	阴离子	$\lambda_m^\infty /(10^4$ $S \cdot m^2 \cdot mol^{-1})$	α/K^{-1}
H^+	349.7	0.0142	OH^-	200	0.0180
Na^+	50.1	0.0188	Cl^-	76.3	0.0203

续表

阳离子	$\lambda_m^\infty/(10^4$ $S·m^2·mol^{-1})$	α/K^{-1}	阴离子	$\lambda_m^\infty/(10^4$ $S·m^2·mol^{-1})$	α/K^{-1}
K^+	73.5	0.0173	Br^-	78.4	0.0197
NH_4^+	73.7	0.0188	I^-	76.9	0.0193
Ag^+	61.9	0.0174	NO_3^-	71.4	0.0195
$\frac{1}{2}Mg^{2+}$	53.1	0.0217	HCO_3^-	44.5	—
$\frac{1}{2}Ga^{2+}$	59.5	0.0204	$\frac{1}{2}CO_3^{2-}$	72	0.0228
$\frac{1}{2}Sr^{2+}$	59.5	0.0204	$\frac{1}{2}SO_4^{2-}$	79.8	0.0206
$\frac{1}{2}Ba^{2+}$	63.7	0.0200	$\frac{1}{2}CrO_4^{2-}$	85	0.0219
$\frac{1}{2}Zn^{2+}$	53.5	0.0227	$\frac{1}{2}C_2O_4^{2-}$	63(18℃)	—
$\frac{1}{2}Cu^{2+}$	56	0.0273	$\frac{1}{2}Fe(CN)_6^{4-}$	95(18℃)	—
$\frac{1}{3}Fe^{3+}$	53.5	0.0143	CH_3COO^-	41	0.0244

注：引自［苏］H. M. 巴龙等．物理化学数据简明手册．北京：科学技术出版社，52。

附录 9　KCl 溶液的电导率

单位：$S·m^{-1}$

$t/℃$	浓度 $c/mol·L^{-1}$				$t/℃$	浓度 $c/mol·L^{-1}$			
	1.0	0.1	0.02	0.01		1.0	0.1	0.02	0.01
10	8.319	0.933	0.1994	0.1020	27	11.574	1.337	0.2873	0.1468
15	9.252	1.048	0.2242	0.1147	28		1.362	0.2927	0.1496
20	10.207	1.167	0.2501	0.1278	29		1.387	0.2981	0.1524
21	10.400	1.191	0.2553	0.1305	30		1.412	0.3036	0.1552
22	10.594	1.215	0.2606	0.1332	31		1.427	0.3091	0.1581
23	10.789	1.239	0.2659	0.1359	32		1.462	0.3146	0.1609
24	10.984	1.264	0.2712	0.1386	33		1.488	0.3201	0.1638
25	11.180	1.288	0.2765	0.1413	34		1.513	0.3256	0.1667
26	11.377	1.313	0.2819	0.1441	35		1.539	0.3312	

参考文献

[1] 吴江. 大学基础化学实验 [M]. 北京：化学工业出版社，2005.
[2] 宋光泉. 大学通用化学实验技术 [M]. 北京：高等教育出版社，2009.
[3] 吴俊森. 大学基础化学实验. [M]. 3版. 北京：化学工业出版社，2021.
[4] 申明乐. 基础化学实验 [M]. 沈阳：辽宁大学出版社，2019.
[5] 复旦大学，等. 物理化学实验. [M]. 3版. 北京：高等教育出版社，2022.
[6] 南京大学. 无机及分析化学实验. [M]. 3版. 北京：高等教育出版社，1998.
[7] 兰州大学，等. 有机化学实验. [M]. 3版. 北京：高等教育出版社，2010.
[8] 王伯康. 新编无机化学实验 [M]. 南京：南京大学出版社，1998.
[9] 武汉大学. 分析化学实验. [M]. 6版. 北京：高等教育出版社，2021.
[10] 曾淑兰. 工科大学化学实验 [M]. 天津，天津大学出版社，1994.
[11] 关烨第. 小量-半微量有机化学实验 [M]. 北京大学出版社，2002.
[12] 中山大学，等. 无机化学实验 [M]. 北京：高等教育出版社，1983.
[13] 黄开胜，等. 清华大学实验室安全手册 [M]. 北京：清华大学出版社，2022.
[14] 汪志勇. 实用有机化学实验高级教程 [M]. 北京：高等教育出版社，2016.
[15] Robert M Silverstein，Francis X Webster，David J Kiemle. 有机化合物的波谱解析. 药明康德分析部 [M]. 上海：华东理工大学出版社，2008.
[16] 徐伟亮. 基础化学实验 [M]. 北京：科学出版社，2007.
[17] 杜志强. 综合化学实验 [M]. 北京：科学出版社，2007.
[18] 王伯廉. 综合化学实验 [M]. 南京：南京大学出版社，2000.
[19] 李兆龙，阴金香，林天舒. 有机化学实验 [M]. 北京：清华大学出版社，2001.
[20] 李华民，蒋福宾，赵云岑，基础化学实验操作规范 [M]. 北京：北京师范大学出版社，2010.
[21] 南京大学大学化学实验教学组，大学化学实验 [M]. 3版. 北京：高等教育出版社，2018.
[22] 薛思佳，季萍，Larry Olson. 有机化学实验（英-汉双语版）[M]. 北京：科学出版社，2011.
[23] Lucy Pryde Eubanke. 化学与社会. [M]. 5版. 段连运，译. 北京：化学工业出版社，2010.
[24] Donald L Pavia，Gary M Lampman，George S Kriz，et al. Introduction to Organic Laboratory Techniques：A Microscale Approach [M]. Philadelphia：Saunders College Pub，2007.
[25] 山东大学，等. 基础化学实验（Ⅲ）-物理化学实验 [M]. 北京：化学工业出版社，2004.
[26] 鲁道荣. 物理化学实验 [M]. 合肥：合肥工业大学出版社，2002.
[27] 王秋长，等. 基础化学实验 [M]. 北京：科学出版社，2003.
[28] 大连理工大学. 基础化学实验 [M]. 北京：高等教育出版社，2004.
[29] 周井炎. 基础化学实验 [M]. 武汉：华中科技大学出版社，2004.
[30] 阎松，等. 基础化学实验 [M]. 北京：化学工业出版社，2016.
[31] 林宝凤，等. 基础化学实验技术绿色化教程 [M]. 北京：科学出版社，2003.
[32] 霍冀川. 综合设计实验 [M]. 北京：化学工业出版社，2008.
[33] 王清廉、李瀛、高坤. 有机化学实验. [M]. 3版. 北京：高等教育出版社，2010.
[34] 王尊本. 化学实验. [M]. 2版. 北京：科学出版社，2012.

[35] 华东理工大学无机化学教研组,李梅君,等.无机化学实验.[M].4版.北京:高等教育出版社,2007.

[36] 吕明泉,等.化学实验室安全操作指南[M].北京:北京大学出版社,2020.

[37] 秦静,等.危险化学品和化学实验室安全教育读本[M].北京:化学工业出版社,2018.

[38] 乔亏,汪家军,付荣,等.高校化学实验室安全教育手册[M].青岛:中国海洋大学出版社,2020.

[39] 张国平.基础化学实验[M].北京:化学工业出版社,2019.

[40] 阳杰,司小强,陈静怡,等.固体电解质 $La_{1.7}Sm_{0.3}Mo_{2-x}Nb_xO_{9-\delta}$ 的制备及离子电导性能研究[J].云南大学学报(自然科学版),2024,46(1):120-126.

[41] C. H. Deng, X. H. Ling, L. L. Peng, et al. Constructing nano CdS-decorated porous biomass-derived carbon for multi-channel synergetic photocatalytic hydrogen evolution under solar lighting [J]. Appl. Surf. Sci, 2023, 623, 157065.

[42] 吴超.新型紫外、深紫外硼酸盐的合成、结构及二阶非线性光学性能研究[D].无锡:江南大学,2017.

[43] 柴坤.硼硅酸盐、硼酸盐和磷酸盐氟化物紫外光学晶体的制备及性能研究[D].石河子:石河子大学,2019.

[44] 赵燕茹,马建中,刘俊莉.可见光响应型 ZnO 基纳米复合光催化材料的研究进展[J].材料工程,2017,45(6):129-137.

[45] Jie Yang, Hongming Li, Rui Zhou, et al. Preparation and properties of anode material LSCM for SOFC [J]. Journal of Alloys and Compounds, 2024, 986, 174145.

[46] 贾艳萍,姜成,郭泽辉,等.印染废水深度处理及回用研究进展[J].纺织学报,2017,38(8):172-180.

[47] 阙永生,杨辉,汪海风,等.溶胶-凝胶法制备纳米二氧化硅及原位改性[J].无机盐工业,2015,47(9):13-17.

[48] 周翠松.静电纺丝传感界面[M].北京:化学工业出版社,2017.

[49] 滕桂香,杨怡凡,侯苏童,等.一步法制备 PLA/PDA/Ag 多孔抗菌纳米纤维膜及其促进伤口愈合作用研究[J].材料导报,2023,37(18):23080053.

[50] 丁彬.静电纺丝与纳米纤维[M]北京:中国纺织出版社,2011.

[51] 乔萌,牛建瑞,钟为章.金属-有机骨架材料的制备及应用进展[J].河北工业科技,2018,35(1):72-76.

[52] 黄楚雄,梁永锟,伍娟.金属-有机骨架材料制备的研究进展[J].广东化工,2018,45(5):171-183.

[53] 肖娟定.几种多孔骨架材料的快速制备及其吸附、荧光传感性质研究[D].合肥:安徽大学,2014.

[54] 天津大学无机化学教研室.无机化学[M].5版.北京:高等教育出版社,2018.

[55] 高占尧,李慧敏,丁涛,等.聚乙烯吡咯烷酮辅助合成溴氧化铋花状微球及其光催化性能的研究[J].化工新型材料,2021 49(6):258-264.

[56] 张益.溴氧铋基光催化剂的改性及固氮性能研究[D].合肥:安徽建筑大学,2021.

[57] 王韬.溴氧化铋基复合纳米材料的可见光催化降解和 CO_2 还原性能研究[D].合肥:合肥大学,2022.

[58] 于贵瑞,郝天象,朱剑兴.中国碳达峰、碳中和行动方略之探讨[J].中国科学院院刊,2022,37(4):423-434.

[59] 金鑫,梁鑫,胡坤宏.新工科背景下科研反哺实验教学——新能源材料与器件专业物理化学实验设计[J].广东化工,2024.

[60] Jie Yang, Qing Wei, Changan Tian, et al. Preparation of Biomass Carbon Composites MgO@ZnO@BC and Its Adsorption and Removal of Cu(Ⅱ) and Pb(Ⅱ) in Wastewater [J]. Molecules, 2023, 28(19), 6982.

[61] 马兆菲,白杰,李春萍,等.晶化温度与晶化时间对 4A 分子筛合成的影响[J].精细与专用化学品,2013(1):42-46.

[62] 王华英.无粘结剂 4A 分子筛的制备与表征[D].淄博:山东理工大学,2011.

[63] 钟声亮,张迈生,苏锵.XRD 粉末衍射法研究微波场作用下 4A 分子筛的合成[J].光谱学与光谱分析,2006,26(7):1360-1363.